Cuentos y cuentas de los matemáticos

Rafael Rodríguez Vidal
Catedrático de Matemáticas
de la Universidad de Zaragoza

María del Carmen Rodríguez Rigual
Profesora agregada
del instituto de Bachillerato de Lérida

Cuentos y cuentas de los matemáticos

EDITORIAL REVERTÉ, S. A.
Barcelona-Bogotá-Buenos Aires-Caracas-México

Título de la obra original:
Cuentos y Cuentas de los Matemáticos

Propiedad de:
EDITORIAL REVERTÉ, S.A. y **REVERTÉ EDICIONES, S.A. DE C.V.**

Loreto 13-15 Local B
08029 Barcelona, España
Tel.: 419-33-36 Fax: 419-51-89
E-Mail (Internet):
104164.23@compuserve.com

Río Pánuco 141 Col. Cuauhtémoc
C.P. 06500 México, D.F.
Tels.: 55-33-56-58 al 60 Fax: 55-14-67-99
E-Mail (Internet):
101545.2361@compuserve.com

Edición en español
EDITORIAL REVERTÉ, S.A., 2000
REVERTÉ EDICIONES, S.A. DE C.V., 2000

© ISBN 968-6708-45-6 (México)

© ISBN 84-291-5149-4 (España)

Impreso en México Printed in Mexico

A nuestra
CARMELA,
con gratitud siempre creciente.

R. **C.**

Prólogo

La alentadora acogida que ha conseguido el libro Diversiones matemáticas[1] *ha sido una invitación a insistir en aquel modo de información matemática, que entre el pasatiempo y la ciencia, procuraba conservar la amenidad. Pero el autor de aquel libro, sujeto a otras obligaciones profesionales, no hubiese podido cumplir su deseo de continuar el ensayo, de no haber contado con una colaboración valiosa, la cual, con un criterio de didáctica activa, ha seleccionado las más oportunas entre las papeletas disponibles, ha añadido otras nuevas, y finalmente, ha ordenado el cúmulo de material elegido, hasta darle forma publicable, adecuada para la utilidad del libro que el lector tiene en sus manos.*

En cierto modo podríamos decir que éste es un libro de matemáticas compartidas, *por varias razones. En primer lugar, creemos que presenta bastantes ejemplos de hechos matemáticos cuyo interés pueden compartir, como juego, los mayores y los niños. (Esto es de por sí un hecho social positivo, pero además, en lo que hace a la enseñanza, los recursos lúdicos y notas históricas, compartidos entre maestros y alumnos, resultan a veces inmejorable medio de orientar el interés o aliviar la tensión de la clase de Matemáticas. De donde, la cada vez mayor atención que se les otorga en la Didáctica.)*

Por otra parte, se apuntan breves relatos y comentarios, que ponen de relieve cómo en las biografías de los matemáticos (tan desconocidas generalmente), se presentan circunstancias políticas, sentimentales, y hasta cómicas, cuyo valor humano hace que el interés por ellas puedan compartirlo personas muy ajenas al mundo matemático. Y asimismo, el valor estético de muchos resultados matemáticos puede ser compartido con el artista o espíritu cultivado que ponga un mínimo interés en aprehenderlo.

Y no hay más que explicar ahora, porque el libro es breve y él muestra pronto lo que da de sí. Para expresar nuestro deseo nos parecen conformes unas palabras escritas por el P. JUAN ANDRÉS (hacia 1790): «A mí me basta poder presentar una obra, que no sea enteramente inútil a los lectores, donde los estudiosos encuentren algo que aprender, y no tengan los doctos mucho que reprobar.»

R. R. V. **C. R. R.**

[1] R. Rodríguez Vidal. *Diversiones matemáticas* (Edit. Reverté, S. A., 1.ª ed. 1983), libro que se reconoce deudor al de R. Rodríguez Annoni, *Al margen de la clase* (1958).

Índice analítico

PRIMERA PARTE
Problemas para plática y pasatiempo

SEGUNDA PARTE
Relatos anecdóticos e históricos

Primera parte

Problemas para plática y pasatiempo

Capítulo 1

Cuentos y cuentas de Oriente

En la inmensa India, propicia a todas las posibilidades de la más fastuosa imaginación oriental, se fue creando, desde muchos siglos antes de nuestra era, un depósito inagotable de apólogos y leyendas. Se ha perdido el texto original de sus compilaciones, pero se conservan con relativa abundancia arreglos y adaptaciones más tardías. La más célebre de éstas fue escrita en siriaco, entre los siglos IV a VI, con el título de *Kaligay y Damnaq,* versión del nombre de los dos chacales protagonistas. Posteriormente fue vertida al árabe como *Kalilah wa Dimnah,* y de aquí siguieron numerosas traducciones europeas. En España, el Infante Don JUAN MANUEL, a principios del siglo XIV, toma muchas historias de este libro para su *Libro de los ejemplos del Conde Lucanor y de Petronio*, del que muchos cuentos persisten en el conocimiento general de nuestro tiempo.

Puede extrañar este recordatorio literario en un libro centrado en las matemáticas. Pero su objeto es poner la atención en dos historias paralelas. Porque al mismo tiempo que se ideaban estos cuentos, se inventaba en la India la numeración y el cálculo con cifras. Y la invención era traducida y comentada por los árabes, y a través de los árabes difundida por Europa.

Al genio de una misma civilización, que creó por una parte los cuentos de *Las mil y una noches,* y por otra el *Álgebra,* debía resultar espontáneo presentar en forma de cuentos o adivinanzas los problemas de cálculo, una veces difíciles y otras de puro juego. Lo mismo que en el caso literario, estos cuentos/problema fueron pronto traducidos y divulgados en Europa, como hizo, por ejemplo, LEONARDO DE PISA, llamado FIBONACCI al comenzar el siglo XIII. Las antologías de amenidades matemáticas son ya abundantes en el siglo XVI. En España, la primera fue la del Bachiller JUAN PÉREZ DE MOYA (1562). La redacción de los enunciados varía con los autores, naturalmente, pero el fondo matemático de cada cuestión es bastante invariable.

A veces, el tener en las manos un objeto arqueológico, aunque sea tan sencillo como, por ejemplo, un vaso doméstico, nos llega a emocionar algo, tal vez porque con más o menos consciencia, ese objeto nos enlaza con nuestros ancestros del pasado más remoto. Así también, puede sentirse una punta de emoción enfrentados con un acertijo numérico fabulado, si se piensa que, lo mismo que a nosotros nos incita ahora, debió entretener en su instrucción a muchachos de civilizaciones apagadas ya, o ha servido mil veces para distraer en pláticas amigables momentos intrascendentes consumidos hace siglos.

Veamos tres ejemplos de tales problemillas.

a) Los guardianes de las naranjas

Un vagabundo furtivo entró en un huerto ajeno para apropiarse algunas naranjas. Al salir tropezó con un guardián que, compadecido por su necesidad, le dejó pasar haciéndole entregar la mitad de las naranjas que llevaba y otra media naranja. Con un segundo guardián consiguió, por lástima de sus ruegos, que también le dejase pasar, pero dándole también la mitad de las naranjas que tenía más media naranja. Y lo mismo exactamente le sucedió con un tercer guardián. Después de esto el ladronzuelo se vio en campo libre y en posesión de dos naranjas. Se pregunta cuántas naranjas había cogido al principio*(Véase pág. 69.)*

b) Problemas del ilticá

En su excelente traducción comentada del texto de *Álgebra* de ABENBEDER (autor árabe sevillano de principios del siglo XII), llama J. A. SÁNCHEZ PÉREZ *problemas del ilticá* (ilticá = encontrarse) a una serie de cuestiones en los que se parte del supuesto de que dos personas se encuentran y se proponen mutuamente una igualación. Puede ser ejemplo el siguiente.

Dos hombres se encuentran teniendo cada uno de ellos una carga de limones. Le dice uno a su compañero: Si me das de los que tú llevas tres limones, tendremos los dos la misma carga. Contesta el segundo: Si tú me das de los que tienes seis limones, vendré a tener dos veces lo que te queda. Se pregunta cuántos limones llevaba cada uno. *(Véase pág. 69.)*

c) El codicioso castigado

Un campesino se dirigía a la ciudad, pensando tristemente que el dinero que llevaba no iba a ser suficiente para comprar el lechoncillo que deseaba. A la entrada del puente se encontró a un raro tipo (era el diablo, ni más ni menos) que le dijo: Conozco tu preocupación, y voy a proponerte un trato. Si lo aceptas, cuando hayas cruzado el puente tendrás en tu bolsa doble dinero que al empezar. No cuentes el dinero, que sería desconfianza por tu parte. Sólo debes contar 32 monedas para echarlas al río; yo sabré encontrarlas y éstas serán mi paga.

Aceptó el aldeano, y apenas cruzado el puente comprobó, lleno de alegría y sin necesidad de contar, que su bolsa pesaba bastante más que antes. Con gran contento echó las 32 monedas al agua. Le vino entonces la tentación de repetir la acción y no supo resistirla, así que de nuevo pasó el puente, duplicó el dinero de su bolsa y pagó con 32 monedas. Todavía una tercera vez hizo esto mismo y, entonces, desolado, comprobó que se había quedado absolutamente sin ningún dinero. Desesperado, se tiró desde el puente al río, y el diablo cobró así su trabajo. Se pregunta cuánto dinero llevaba el campesino cuando le propusieron el malhadado trato. *(Véase pág. 69.)*

NOTA BREVE

Acerca de la práctica y la enseñanza de las Matemáticas en el antiguo Egipto se sabe muy poco. Los monumentos faraónicos, la agrimensura, los cómputos astronómicos y calendario, demuestran un nivel matemático muy superior al del único testimonio escrito que nos ha llegado, un papiro escrito por el sacerdote AHMES hacia el 1.700 a. de C., que se cree copiado de un original tal vez cinco siglos anterior. En cualquier caso, se trata de un formulario para cálculos de áreas y volúmenes y algún problema de progresiones y otros temas. Aún así, no desprecia del todo el fabular algún enunciado, o tal parece, si es acertada la siguiente versión de uno de ellos:

Siete personas tienen cada una siete gatos, cada gato come siete ratones, cada ratón come siete espigas de cebada, y cada espiga produce siete medidas de grano. ¿Cuál es el número de personas, gatos, ratones, espigas de cebada y medidas de grano en total?

Pero, según hemos ya apuntado, la cultura que primero dio a sus problemas de Matemáticas un enunciado poético y contable (de cuento), fue la hindú. Así, por ejemplo, el historiador J. BABINI cita entre otros enunciados, los siguientes:

1. En la mitad del combate, el furioso hijo de Prit'ha tomó un cierto número de flechas para matar a Carna; empleó la mitad contra su defensa; el cuádruplo de la raíz cuadrada contra los caballos; seis flechas traspasaron al cochero Salya, otras tres desgarraron el parasol de Carna y rompieron su estandarte y su arco, y una le atravesó la cabeza. ¿Cuántas flechas tenía el hijo de Prit'ha?

2. En una lucha amorosa se rompió un collar de perlas; un sexto de las perlas cayó al suelo, un quinto quedó sobre el lecho, la zagala salvó un tercio, un décimo guardó consigo el mancebo y seis perlas quedaron enhebradas. Dime ¿cuántas perlas tenía el collar?

Los textos de matemática hindú están frecuentemente en forma rimada, tal vez como recurso mnemotécnico, o para su uso como adivinanzas en fiestas sociales.

Para solucionar la cuestión 1, un estudiante de ahora llamaría x^2 al número de flechas pedido, y por ende x a su raíz cuadrada, con lo que traducirá el enunciado en la siguiente ecuación

$$\frac{x^2}{2} + 4x + 6 + 3 + 1 = x^2,$$

de donde, sucesivamente

$$x^2 + 8x + 20 = 2x^2 \rightarrow x = 10 \rightarrow x^2 = 100.$$

Por tanto, el hijo de Prit'ha dispuso de 100 flechas.

Este mismo estudiante, para resolver la cuestión 2, podría no usar el Álgebra y razonar con sólo la Aritmética (inténtelo el lector, basta saber sumar fracciones). Con el automatismo algebraico, llamando x al número de perlas, escribiría

$$\frac{x}{6} + \frac{x}{5} + \frac{x}{3} + \frac{x}{10} + 6 = x,$$

y de aquí

$$24x + 180 = 30x \rightarrow x = 30.$$

El collar de la descuidada zagala tenía, pues, treinta perlas,

Debe advertirse que el Álgebra que practicaban los hindúes y árabes no conocía los símbolos, por lo que todos los pasos de la resolución debían realizarse en lenguaje ordinario, con la complicación consiguiente. Volveremos sobre esta historia.

Capítulo 2

Fábulas con la numeración

Hemos ya apuntado que el descubrimiento capital de las matemáticas orientales fue el sistema de numeración que actualmente utilizamos. Éste se funda en el valor posicional de las cifras, lo que puede traducirse a fábula con moraleja incluida. Veremos dos ejemplos. Sea el primero la explicación del Bachiller JUAN PÉREZ DE MOYA en su *Aritmética* (1562) del valor relativo de las cifras en la numeración:

> «Y porque mejor sea entendido pongo ejemplo en estas tres letras siguientes 444. Bien vemos que todas tres figuras son cuatro. Luego, si cada una no se contase más de por cuatro, todas montarían doce, lo cual será falso. (...) Y esto es así como acontece con los hombres, que puesto que todos seamos de una misma naturaleza, y para con Dios, que no hace acepción de personas, tanto es el pobre como el rico: Viene el mundo y a unos pone en el primer grado, comenzando de abajo, y aquéllos tienen su valor: a otros en el segundo grado, subiendo, que son más que los del primero; y a otros más altos, y puesto que todos seamos de una especie humana, reverenciamos unos a otros, y conforme en el estado que a uno vemos, así le tratamos. Pues semejantemente pasa en los números: porque puesto caso que estos números de la figura sean iguales, y semejantes todos tres, por estar uno en el primero lugar, que es el más bajo, y otro en el segundo lugar, y otro en el tercero lugar, el cual es más alto que el segundo, por tanto son más unos que otros.»

Ha sido, en verdad, una garbosa manera de recordar que los hombres tenemos, ¡ay!, como las cifras, un valor absoluto y otro relativo.

Explica luego MOYA la necesidad del cero:

> «Y digo, que así como el señor sin el criado, ni el criado sin el señor, no podrían vivir políticamente, asimismo, con las dichas nueve figuras del guarismo sin el cero, ni el cero sin las figuras del guarismo, no podríamos contar todo lo que quisiésemos.»

El segundo ejemplo lo damos con una fábula ingeniosa bastante conocida, pero que traemos aquí porque es oportuna y su habilidad la hace grata. Su autor es CAYETANO HERNÁNDEZ, y lamentamos no añadir algún dato biográfico acerca de él, pero no hemos sabido encontrarlo.

FÁBULA

Graves autores contaron	
que en la ciudad de los *ceros*	0000
el *uno* y el *dos* entraron	1 2
y, desde luego, trataron	
de medrar y hacer dineros.	
Pronto el *uno* hizo cosecha,	
pues a los ceros honraba	
con amistad muy estrecha	
y dándoles la derecha	
su valor así aumentaba.	1000
Pero el *dos* es de otra cuerda,	
¡todo es orgullo maldito!	
y con táctica tan lerda	
los ceros pone a la izquierda	00002
y así no medraba un pito.	
En suma, el humilde *uno*	
llegó a hacerse millonario	1000000
mientras el *dos,* importuno,	
por su orgullo cual ninguno,	
no pasó de un perdulario.	0000002
Luego, ved con maravilla	
en esta fábula ascética	
que el que es humilde más brilla,	
y el que se exalta se humilla	
hasta en la misma Aritmética.	

Cayetano Hernández

Capítulo 3

De ventas y precios extravagantes

a) Modesta ganancia en compraventa

Un hombre compró 20 perdices por 8 denarios, a razón de dos denarios cada cinco perdices. Este hombre quiere después tornar a vender estas mismas 20 perdices, al mismo precio que las compró y también quiere ganar algo por su trabajo. ¿Cómo puede cumplir sus deseos?

He aquí el modo:

Las 20 perdices las dividió el hombre en dos partes iguales, es decir, en una parte las diez mejores, y en la otra las diez no tan buenas. Hecho esto, vende cada par de estas diez perdices mejores por un denario, y cada tres de las no tan buenas por otro denario. De esta manera se venden cinco perdices por dos denarios, como al principio las compró, y de las buenas sacará cinco denarios, y de las peores se hacen tres denarios y sobra una perdiz. De este modo, se sacará el caudal que todas le costaron, y queda una perdiz de ganancia.

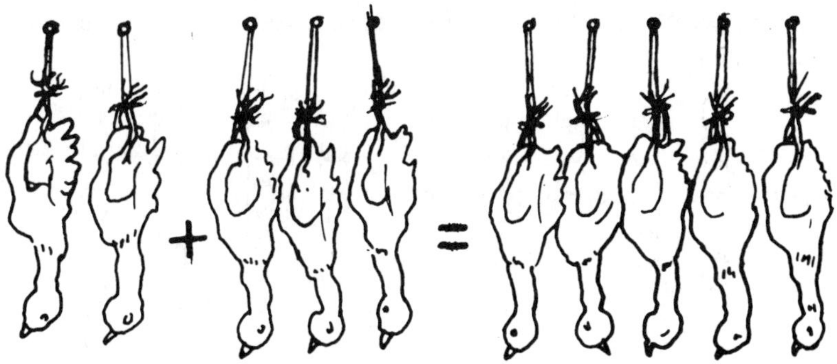

b) Exigencia cumplida

Un propietario agricultor repartió a tres criados suyos 120 limones, dándole a uno 60, a otro 40 y a otro 20. Luego, los envió a tres mercados distintos, dándoles orden de que los vendiesen en los tres a un mismo precio. Pero asimismo les exigió que trajesen los tres el mismo dinero por la venta. Como esto les pareció imposible a los criados, le dio a cada uno un ejemplar de un mismo cartel anunciador de los precios, para que se cumpliese la primera condición, y este cartel era tal que también se cumplía la segunda.

Este antiguo problema oriental, que aparece también en varios textos del Renacimiento y posteriores, se resuelve anunciando la venta en los siguientes términos:

«Se venden lotes de siete limones al precio de un escudo el lote. Concluidos los lotes, se venderán los limones restantes a tres escudos cada limón.»

En estas condiciones cada uno de los tres vendedores recaudó 20 escudos, como es inmediato calcular.

El mismo efecto se consigue si se reparten 90 limones dando a uno 50, al otro 30 y al otro 10.

c) Precio absurdo

Del mismo género que el anterior es el problema que sigue. Puesto como cuestión Aritmética, resulta interesante resolverlo, y no es demasiado difícil. Si los números se hacen concretos y representan precios, son estos precios tan descabellados como era de esperar, ya que el problema mercantil es demasiado forzado.

Un propietario tiene ahora 60 melones, y dio 50 de ellos a un mozo y 10 a otro. Y mandó que vendiese primero el que llevaba 50 melones, y luego al mismo precio y modo vendiese el que llevaba 10 melones, y trajese doble dinero el segundo que el primero.

La solución aritmética es la siguiente: Véndanse primero lotes de 7 melones por un escudo, y acabados éstos, cada melón por 13 escudos. De este modo el primer vendedor consigue 20 escudos, y el segundo vendedor obtiene 40 escudos.

d) Economías para una cadena rota

Presentamos una cadena rota en nueve pedazos cuyos eslabones representamos por los aros de la siguiente figura.

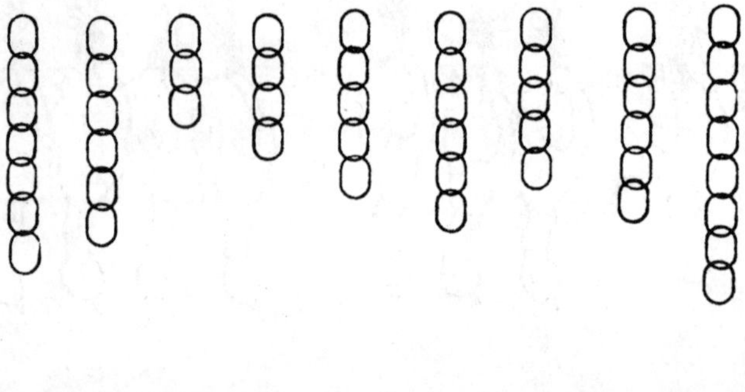

El propietario quería hacerlos unir para formar con todos los pedazos una cadena cerrada, esto es, sin fin, de cincuenta eslabones. El herrero le advirtió que por abrir cada eslabón le cobraría 10 pesetas y 20 por volverlo a cerrar, y que una cadena nueva de la misma clase y número de eslabones sólo le costaría 250 pts., por lo que ahorraría dinero comprándola. El propietario, después de pensarlo, explicó al herrero el modo de hacerlo para que saliese más barato que comprada. El hijo del propietario, que escuchaba la conversación, intervino para explicar cómo podría hacerse más barato de lo que su padre decía. Se pregunta, *¿qué es lo que pensaron hacer el herrero, el propietario y su hijo?* *(Véase pág. 70.)*

e) Pago exacto y puntual

Un hombre tomó una posada por treinta días, por precio de un denario cada día. Este huésped no tenía otro dinero, sino cinco piezas de plata, que todas ellas valían treinta denarios. Y con estas piezas cada día pagaba la posada, y no le quedaba debiendo nada a la patrona, ni ella a él. Se pide cuántos denarios valía cada pieza, y cómo se pagaba con ella. *(Véase pág. 70.)*

f) Volatería

Un comprador acude al mercado con 36 reales y dispuesto a comprar 36 cabezas de volátiles. Los capones cuestan a 4 reales cada uno, las gallinas a 3 reales cada una y los mirlos a 6 dineros por cabeza. Es de advertir que un real vale lo mismo que 24 dineros, y que todo esto sucedía en el siglo XVI. Ahora se pregunta cómo se realizó la compra en las condiciones propuestas, esto es, 36 cabezas por 36 reales.

g) Negocio para tres

Tres feriantes tienen cada uno un cierto número de reales. El primero compra vino a los otros dos, pagándoles tantos reales como ellos tienen. Después, el segundo compra garbanzos a los otros dos, pagando a cada uno tantos reales como ellos tienen. Por último, el tercero compra aceite a los otros dos, pagándole a cada uno tantos reales como ellos tienen. Terminados estos negocios se vuelven a su casa con 48 reales cada uno. Se pregunta con cuántos reales habían llegado a la feria.

Capítulo 4

Multiplicaciones intrigantes

a) Amor por amor se acrece

He aquí una multiplicación donde cada letra representa precisamente una cifra, y los asteriscos * son también cifras. Se trata de reconstruir la operación.

```
        A M O R
        A M O R
---------------
* * * * A M O R
```

Y ahora una disgresión, por si algo ayuda. En algunos libros antiguos (siglo XVI) se llaman número *circulares* aquellos que multiplicados repetidamente por sí mismos reaparecen a la derecha de todos los productos,[1] como son, 1, 5 y 6 de una cifra, 25 y 76 con dos cifras, etc. (un etcétera, por cierto, bien reducido). Con lo que pensamos haber ofrecido una pista suficiente para llegar a la reconstrucción propuesta. *(Véase pág. 70.)*

[1] En la Aritmética de Pérez de Moya (1562) se dice:

«Libro Cuarto. Capítulo III. Artículo VI. *Trata de números dichos circulares.*

Otros números son dichos circulares, por cierta similitud en que se semejan al círculo: porque así como el círculo fenece en el punto que comienza, así estos numeros comienzan y fenecen en un semejante término. De estos números hay sólo dos que son 5 y 6. Ejemplo: Cinco multiplicado por sí hace 25, comenzó en 5 y feneció en 5. Asimismo, si se multiplican estos 25 por 5, 125, y así procedería en infinito, que no cesaría de ponerse cinco al principio de los productos, y lo mismo haría el 6, que siempre fenecería en 6.»

Claramente se advierte que si en vez de limitarse a números de una cifra, los consideramos de dos o más cifras, la lista de *números circulares* se amplía, tal como lo hemos hecho en el texto.

b) Multiplicación forzada

Se ha realizado una multiplicación cuyos datos se ocultan, pero el producto se conoce. Es la siguiente:

$$\begin{array}{cccccc}
 & & & a & b & c \\
 & & & d & e & f \\
\hline
 & & g & h & i & j \\
 & j & k & l & m & \\
n & o & p & q & & \\
\hline
2 & 0 & 4 & 5 & 6 & 1
\end{array}$$

Cada letra representa una cifra, a veces repetida (es decir, dos letras distintas pueden ser la misma cifra), aunque las diez cifras se encuentran representadas. Se pide recontruir la multiplicación.

Debe advertirse que no se trata de una «adivinanza», sino de un verdadero problema de aritmética, que se contesta con un ligero razonamiento. Empecemos por dar la pista de que el producto factorizado es igual a

$$3 \times 3 \times 7 \times 17 \times 191$$

El resto va a cargo del lector. *(Véase pág. 70.)*

c) Error mecanográfico

La cuestión que sigue no es, propiamente hablando, un problema de Matemáticas, porque su resolución no depende de ninguna teoría sistemática o razonamiento lógico. Es, pues, un simple pasatiempo de cálculo, y como tal lo presentamos.

Una mecanógrafa inexperta estaba copiando un libro de matemáticas, donde debía escribir $5^4 \cdot 2^3$, lo cual significa, naturalmente multiplicar la cuarta potencia de 5, que es 625, por el cubo de 2, que es 8. Esto da como resultado 5000. Pero por su descuido no subió los índices, así que escribió 5423, que es muy distinto.

Y ahora preguntamos: ¿Podría el lector encontrar otras cuatro cifras, para que ambos modos de escribir signifiquen el mismo número? (En este caso el error mecanográfico no hubiese tenido importancia en el resultado.) *(Véase pág. 71.)*

d) En la ciudad de los unos

Un número es divisible por 3, si la suma de sus cifras es divisible por 3. Por consiguiente, el número de tres unos, 111, será divisible por 3. El cociente es 37. Esto quiere decir que multiplicando 37 por 3 el producto es

$$37 \times 3 = 111,$$

luego multiplicando 37 por 3 × 2, que es 6, el producto tiene sólo la cifra 2

$$37 \times 6 = 222,$$

multiplicando 37 por 18 el producto es 333, y así sucesivamente, hasta multiplicar 37 por 27 (= 3 × 9), lo que da un producto con sólo la cifra 9.

Si en vez de 111 partimos del número con seis cifras 1, esto es de 111 111, podemos repetir el juego, pero el multiplicando fijo que ahora se obtiene es 37037, lo cual no ofrece ninguna sorpresa respecto al anterior, puesto que, visto lo que ocurría con el 37, es natural esperar los productos

$$37037 \times 3 = 111\,111$$

y de aquí, sucesivamente, hasta

$$37037 \times 27 = 999\,999.$$

Lo mismo, un número es divisible por 9 si lo es la suma de sus cifras. Por tanto, el número de nueve cifras 1, será divisible por 9, y resulta

$$111\,111\,111 : 9 = 12\,345\,679.$$

Con el multiplicando 12 345 679 ocurre, pues, la misma circunstancia de dar productos con una sola cifra repetida, si el multiplicador es múltiplo de 9, desde 9 × 1 = 9 hasta 9 × 9 = 81. La forma notable del antedicho multiplicando hace que este caso de producto curioso sea más popular y conocido que el citado 37, y que los que del mismo modo pueden encontrarse al partir un dividendo de cifras 1 sucesivas por el divisor 7 (en lugar de los 3 y 9 considerados), o el 13:

$$15\,873 \times 7 = 8547 \times 13 = 111\,111,$$

con los que se pueden obtener productos escritos con una sola cifra, lo mismo que en los casos explicados.

En resumen, estos productos notables, y otros análogos que puede formular el lector, vienen de la notabilísima descomposición en factores primos

$$3 \times 7 \times 11 \times 13 \times 37 = 111\,111.$$

e) Ejercicios de prestirritmia

La particularidad del número 37 puede manifestarse en otro juego de *prestirritmia* (palabra que inventamos ahora para indicar los trucos del cálculo rápido), como sigue.

Se invita a un oyente a escribir el número de tres cifras que él quiera. Nos comprometemos a convertirlo en otro de seis cifras, respetando totalmente y en su orden las tres cifras que el oyente nos ha dado, con la condición de que nuestro número de seis cifras resultará divisible exactamente por 37.

Es más, podemos preguntar al oyente si desea que sus tres cifras se encuentren al principio o al final del número de seis cifras que vamos a describirle. Supongamos que dice que las quiere al final.

Entonces escribimos delante del dado otro número de tres cifras con la siguiente particularidad: Cada cifra es el complemento de la correspondiente cifra dada, para que completen el valor 9 (ó el 8, ó el 7, etc., a nuestra elección).

Se nos da, por ejemplo, el número 326. Nosotros decidimos complementar sus cifras hasta 8, y escribimos

$$562\,326.$$

Este número es divisible por 37. (También lo hubiera sido el 326 562, si se nos hubiera pedido que 326 quedara delante.) *(Véase pág. 71.)*

Concluiremos dando una regla para obtener un producto de la forma

$$a\ b\ a\ b\ a\ b,$$

esto es, con un par de cifras repetidas.

El número de dos cifras elegido se multiplica por 20 y se suma a este producto; el resultado se multiplicará por 481.

Por ejemplo, para repetir el par 26, sumo 520 + 26 = 546 y multiplicando por 481 queda:

$$546 \times 481 = 262\,626$$

La explicación es del mismo tipo de las anteriores.

Capítulo 5

Los trabacuentas

Por analogía con el conocido vocablo *trabalenguas,* nos permitimos introducir el neologismo *trabacuentas,* para indicar una suerte de parloteo con el que se embarullan cuentas muy sencillas, hasta llegar a un resultado falso o de apariencia paradójica. He aquí algunos ejemplos.

a) Trabacuentas florentino

Reproducimos aquí un viejo cuentecillo italiano, del siglo XIV, traducido por RAMÓN D. PERÉS en el libro *La leyenda y el cuento populares.* Edit. Sopena. Barcelona.

> «Bito fue un florentino, gentilhombre de la corte, que vivía en San Jorge, del otro lado del puente del Arno. Había un viejo, que se llamaba el señor Frulli y tenía en los altos de ese San Jorge una quinta muy hermosa... Todas las mañanas mandaba a una criada suya a vender fruta o legumbres en el mercado que existía en el puente. Tan tacaño y desconfiado era, que él mismo hacía los manojos de hortalizas, los numeraba, fijaba el precio, ..., y no había quien le sacara de la cabeza que la sirvienta le sisaba siempre algo. La mayor advertencia que le hacía al salir con la fruta o legumbre para la venta era que por nada del mundo se detuviera a descansar en el banco del puente de San Jorge, porque estaba siempre lleno de mujerucas ladronas.
>
> »Pues bien: una mañana pasaba por allí la criada con una cesta llena de coles. Bito, que le tenía jurada al señor Frulli, por su avaricia, una treta que le sacara de quicio, vistióse con la más rica y ostentosa ropa negra que poseía, y sentándose en el banco prohibido por el viejo, llamó a la criada, la cual acudió presurosa, al revés de lo que había hecho con las muchas mujeres que también la llamaban antes, sin que ella hiciera el menor caso.

»Oiga, buena mujer, ¿a cuánto vende esas coles? —díjole Bito.

»Señor, a un dinero cada dos manojos.

»En verdad que son buenos repollos; pero mira, hija, voy a hablarte con franqueza: vivo yo ahora solo con mi sirvienta; tengo toda mi familia en el campo, y para los dos me resultaría esto demasiado en un día, y habría que guardar una parte para el siguiente; a mí esto no me gusta: quiero que las coles sean frescas, recién cortadas.

»Usábanse entonces en Florencia unas monedas llamadas *medallas,* de las que cada dos de ellas valían un dinero, y así Bito siguió diciendo: "Dame ahora un manojo por una medalla. Verás: tú me entregas un dinero y yo te doy la medalla, y otro día tomaré el manojo." Parecióle a la buena mujer que lo que decía tan importante personaje debía estar muy puesto en razón y, así, lo que él propuso, lo que quiso, es lo que ella aceptó. Después fue a vender las otras coles exactamente como su señor le había mandado. Volvió a casa y entregó el dinero a su amo, quien contando y recontando, hallaba siempre un dinero menos, con lo que se armó una discusión entre el dueño y la fámula, firme ésta en la idea de que, según sus explicaciones, no podía ser que faltara. Preguntóle el amo si se había detenido a descansar en el banco de San Jorge, y aunque, al principio, lo negara ella, acabó por confesar que habíase sentado junto a un elegante caballero, que le pagó correctamente lo cobrado... "y tengo que decirle a usted —añadió— que aún le debo un manojo de coles". "Sí, pero lo peor es que aquí falta un dinero", replicó el señor Frulli, llenándola de improperios y exigiéndole más detalles acerca de con quién había entrado en tratos. Adivinó pronto que era Bito, quien ya de otros bromazos le había hecho objeto.

»Ardiendo en ira, en cuanto amaneció el siguiente día, escondióse bajo el vestido una vieja y enmohecida espada, y fuése al extremo del consabido puente, donde encontró a Bito tranquilamente sentado entre un corro de gente alegre. Alzó la espada y seguramente lo hubiera malherido a no interponerse uno de los presentes sujetándole fuertemente el brazo... Hubo un momento en que Bito sintió verdadero miedo, pero luego, reponiéndose comenzó a sonreír, mientras los que estaban en torno del señor Frulli le pedían a éste explicaciones del caso, que él daba atropellándosele de tal modo las furiosas palabras que apenas tenía aliento para pronunciarlas. Bito redujo entonces al silencio a todos los preguntadores y dijo tanquilamente, con la mayor formalidad: "Señor Frulli, quiero reconciliarme con vos. No se hable más del asunto. Devolvedme el dinero mío,[1] guardaos vuestra medalla[2] y tened el manojo de coles." A lo que contestó el atribulado señor Frulli: "Bien: pláceme que así sea. Si antes lo hubiérais dicho, nada de lo de hoy habría ocurrido."

»No advirtiendo la nueva befa del taimado enredador, dióle un dinero (y con éste ya iban dos los que perdía); se guardó la medalla, que no valía más que medio, dejó las coles y marchóse consolado. Ausente ya de él, descubrió Bito a los presentes la

[1] Que no era tal, sino el que le había dado la engañada sirvienta y que él quiere ahora duplicar con el otro que le dé el amo.

[2] Que ésta sí que era de Bito, y él la llamaba *vuestra* como si la hubiera recibido del viejo.

verdad del caso, y ante el nuevo embrollo del florentino humorista, que agravaba aún más el primero, pero con la conformidad de la ofuscada víctima, las carcajadas de los concurrentes fueron interminables, porque resultaba que quien pagó las coles, y a buen precio, fue el avaro dueño de ellas, y quien se las comió fue Bito.»

b) Los comerciantes de Vich

En realidad la ciudad de Vich puede no ser la patria de estos comerciantes, pero sí lo es del Maestro ANDRÉS PUIG, autor del libro de *Aritmética* (año 1672) del que tomamos este relato (pág. 365):

> «Dos mercaderes hicieron compañía; el primero pone 6 mil ducados y el segundo 3 mil. Con todo este dinero enviaron a buscar en otra parte aceite. Estando por el camino llegó un amigo de los dos diciéndoles que si le querían acoger en la dicha compañía [sin poner él dinero, pero ayudándoles en la venta], estaría en la pérdida o en la ganancia por tercios, de lo que todos fueron contentos. Llegado el aceite hicieron en la venta muy buena ganancia, la cual partieron igualmente entre los tres: un tercio cada uno. Y visto por el tercer compañero la mucha ganancia que le había venido sin haber puesto ningún dinero, tomó 300 ducados y se los envió a los otros dos, diciéndoles que se los daba por el beneficio que le habían hecho en acogerle en la compañía. Pregúntase: ¿Cuántos dineros ha de haber cada uno [de estos dos]?
>
> »Digo, que si el tercero se los ha dado *por el beneficio que le han hecho,* como dice, el segundo, que puso 3 mil ducados, no ha de haber ninguna parte de estos 300, porque este segundo ningún beneficio le ha hecho, ni de haberle acogido le ha venido ningún daño. Y para que el principiante tenga con qué entretenerse en la explicación de la razón, no me entretendré en decir más, sino que se advierte muy bien. Y dígolo porque a muchos he oído decir que al primero le tocan 200 ducados, y al segundo 100, lo que no es verdad.»

Por si el «principiante» no tiene tiempo, le diremos que la razón es esta: Por cada tres ducados de ganancia correspondió uno a cada socio. Pero antes de llegar el tercero, al repartir entre los dos primeros hubiesen correspondido 2 ducados al primero y 1 al segundo. Éste, pues, ni gana ni pierde con el modo de reparto. La decisión del Maestro PUIG parece, así, bastante razonable, aunque no excluye la posibilidad de pleito.

c) Pleitos pastoriles

Uno de los más viejos pleitos planteados por un reparto lo ofrece el siguiente y clásico problema/cuento:

> Dos pastores se disponían a empezar a comer, cuando se acercó a ellos un cazador que no llevaba comida pero tenía hambre. Reunidos los tres hombres en buena compañía, el primer pastor ofreció los dos panes que tenía, el segundo pastor puso el

único pan que llevaba consigo, y los tres comensales comieron a partes iguales. Agradecido el cazador, les dio al marcharse tres monedas de recompensa a su generosidad. ¿Cómo deben repartírselas?

El segundo pastor sostiene que las partes deben ser dos monedas y una moneda, según el pan que aportó cada uno. El primer pastor se quiere quedar con las tres monedas, porque el segundo pastor se comió todo el pan de su propiedad. Las intenciones del cazador no se sabrán ya nunca. El lector puede dar la razón a quien él prefiera.

Los pleitos son inevitables cuando las condiciones no son absolutamente claras. Véase lo que ocurre con el siguiente ejemplo que A. PUIG pone en su antes citada *Aritmética:*

> Un ciudadano encomendó a un pastor 360 vacas, para que las guardase seis años, al cabo de los cuales se habían de partir todo lo que se hallaría de caudal, y ganancia por mitad: hecho este concierto sucedió que por muerte del pastor esta compañía no duró más que 3 años$\frac{1}{2}$, al cabo de los cuales se hallaron entre caudal y ganancia 1200 cabezas; pídese cuántas ha de haber cada uno.

Tras un prolijo razonamiento que omitimos, PUIG concluye que en justicia el pastor (olvidándose del pequeño detalle de que ha muerto) ha de haber 525 vacas, y las restantes 675 ha de haber el ciudadano. Pero a nuestro propósito conviene destacar lo que a continuación declara:

> Nadie se maraville de ver en estos ejemplos, *diferente respuesta de la que han dado los demás autores,* que de esta materia han escrito, porque la misma razón enseña que la ganancia en cualquier tiempo es igualmente de los dos, por haberse de dividir por mitad, y solamente por los capitales se ha de ordenar la regla de tres, teniendo respeto al tiempo; lo que vemos entre mercaderes y gentes de negocio cada día...

En resumen, que no deben dejarse cabos sueltos en los enunciados, y que, como el matemático FRECHET decía, en relación a temas de más trascendencia matemática, «todo lo que se sobreentiende sin decirlo, queda mejor entendido si se dice».

d) La propina

Este que ahora sigue es *el más popular* de los trabacuentas, tanto, que nos ha parecido que no podíamos omitirlo en esta breve serie de ejemplos.

La historia comienza en tres amigos, que se reúnen en un café, a tomar sendas cañas de cerveza. El camarero se las sirve, y cada uno paga el importe de la suya, que es diez duros, lo que hace un total de treinta duros.

A poco vuelve el camarero a decirles que el dueño, para celebrar no sé qué cosa (tal vez una rebaja en el impuesto municipal de radicación), había ordenado que se devolvieran cinco duros a cada mesa. La devolución es en monedas sueltas, así que los tres amigos se quedan cada uno un duro, y los dos que restan se los dan al camarero de propina.

Al salir, el listillo del grupo les recuerda que cada uno se ha gastado nueve duros, lo que son veintisiete duros de gasto, y además se le han dado al camarero dos duros de propina, lo que hace un gasto de veintinueve: Pero al servirnos pagamos treinta duros. ¿Dónde está el duro que falta?

Y éste fue el tema de discusión para el resto de la tarde.[1]

e) El bebedor internacional

En el tiempo de esta historia el dólar americano valía aproximadamente lo mismo que el peso mejicano, y en algunos puntos de la frontera había, por lo que se refiere al cambio de moneda, una situación peculiar. Mientras en Méjico un dólar valía sólo 90 centavos de peso, en los Estados Unidos el valor de un peso mejicano era 90 centavos de dólar. Aprovechando esta patriótica estimación, cierto vaquero entró un día en una cantina mejicana y pidió diez centavos de tequila, que pagó con un peso mejicano, recibiendo en cambio un billete de un dólar, que valía allí precisamente 90 centavos de peso. Con este billete de un dólar se personó en una taberna americana, y allí pidió diez centavos de cerveza. Paga con el dólar, y recibe de cambio un billete de un peso mejicano. De nuevo cruza la frontera, se presenta en la cantina mejicana y repite todo lo anterior. De este modo, al caer el día estaba completamente borracho, con el mismo dinero con el que había comenzado la jornada, y preguntándose a sí mismo quién le había invitado a beber.

f) La docenica del fraile

Esta *docenica de fraile* es un conjunto de trece elementos. Según J. M.ª IRIBARREN la expresión se utiliza en Navarra para indicar una medida generosa en lo servido. He aquí

[1] Pero la cuenta es clarísima. En la caja del establecimiento quedan 25 duros, en el bolsillo del camarero dos, y en el de los amigos tres. Total, treinta duros.

como explica este autor, en su obra *El porqué de los dichos* (Ed. Aguilar), el origen de esta frase:

> «Cierto fraile mendicante se presentó en una huevería a comprar una docena de huevos.
>
> «Como son para distintas personas —dijo a la dueña— me va a hacer el favor de despachármelos separados, en la forma que yo le diga: Para el padre prior media docena (y la separó); el padre guardián me encarga un tercio de docena (y agregó cuatro); y para mí, que soy más pobre un cuarto de docena.»
>
> Tomó tres más, abonó la docena y se marchó. Dicen que repitió la suerte varias veces, hasta que la cándida dueña se percató de la argucia del fraile.»

Relato que para el lector no habrá merecido el nombre de trabacuentas, pero que para la tendera lo fue.

Capítulo 6

Juegos con veinte naipes

a) Elección aparente

Los griegos llamaron *pitmene* de un número al resto de su división por 9. Como es sabido se calcula el pitmene sin más que sumar las cifras del número, y si esta suma tuviese varias cifras reiterar la operación. Así, el pitmene de 23 es 5, el de 45 es 9 (ya que el 0 no se considera ahora como número), y el de 438 es 6. El pitmene iba ligado a muchos lances de superstición numérica, pero en este momento lo vamos a utilizar para un sencillo juego de falsa magia, que nos permite adivinar la carta que ocupa un orden elegido por nuestro interlocutor:

Comencemos advirtiéndole que, para no hacer el juego tan largo, lo haremos con media baraja. Empecemos pues por contar veinte cartas a cara vista, dejándolas, a medida que se cuentan, en un montón, siempre a cara vista. (Contadas así las cartas ya no volveremos a mirarlas de cara en el resto del juego.)

Tomemos en una mano el montón, boca abajo. Se invita al amigo a que elija a su gusto un número entre 10 y 20, y a que nos diga también su pitmene. Por ejemplo, puede elegir el 15, y por tanto su pitmene es 6.

Hecho esto, contaremos 15 cartas de nuestro montón, que se irán dejando una sobre otra, vistas de dorso. De este montón contemos 6 cartas (el pitmene) y la que hace 6 se la enseñaremos al amigo para que la recuerde; por nuestra parte sólo vemos el dorso de la dicha carta. Naturalmente él la eligió libremente, al elegir el número 15.

Finalmente, juntemos las veinte cartas, barajamos, o las hacemos barajar, y las pasamos, o las hacemos pasar, una a una y a cara vista. En el momento en que pase la elegida por el amigo, el mago aritmético la puede identificar. *(Véase pág. 71.)*

b) Reparto de media baraja

Se da a dos amigos un montón de veinte naipes para que se lo repartan. Podemos averiguar cuántas se quedó cada uno si se prestan a realizar un pequeño y desconcertante cálculo (en el que entran las cuatro operaciones, aunque sea sencillo). Dígase que en secreto, uno de los amigos doble el número de sus cartas, y el otro multiplique por 20 el número de las suyas (es decir, que tome el doble y añada un cero). La suma de estos dos productos deben restarla de 420. Ahoran deben decirnos lo que resulta como diferencia. Esta diferencia la dividimos por 19. El cociente entero es el número de cartas del que multiplicó por 2, y el resto de la división el número de cartas de quien multiplicó por 20.

Ejemplo: Con 13 cartas y 7 cartas:

$$\begin{array}{rcr} 13 \text{ cartas} & + & 7 \text{ cartas} \\ \times\ 2 & & \times\ 20 \\ \hline 26 & + & 140 = 166 \end{array}$$

$$\begin{array}{r} 420 \\ -\ 166 \\ \hline 254 \end{array} \qquad \begin{array}{r|l} 254 & 19 \\ \cline{2-2} 64 & 13 \\ 7 & \end{array}$$

(Véase pág. 72.)

c) Inocentadas

Entréguense las 20 cartas a un amigo (igual pudieran ser 20 palillos, o botones, etc.). Pídale que los disponga en cinco montones, con un número impar en cada montón. O bien, esta variante que suele ser divertida: Se hacen de los naipes dos montones de a diez, se dan éstos a dos espectadores ingenuos (diez naipes a cada uno), y se promete la victoria al que antes consiga disponerlos en tres montones impares.

El mismo elemental principio de la aritmética de par e impar que hace imposible el encargo de

poner veinte melones
en cinco montones
que sean todos nones,

nos aparece, más encubierto, en otros juegos. Por ejemplo, veamos algo que ocurre en el dominó.

Un dominó completo, desde el doble blanca hasta el doble seis, consta de 28 fichas. Si nos proponemos colocarlas todas según la conocida regla del juego (esto es, contactando cada número de una ficha con otro número igual), el dominó queda cerrado. Si previamente escamoteamos una ficha no doble (como el 2-4, por ejemplo), entonces el dominó no se puede cerrar, y estos números, 2 y 4, quedan en los extremos de la cadena abierta. (El lector puede explicar fácilmente la razón de estos resultados).

Ahora bien, si del dominó quitamos todas las fichas en que aparece el seis, nos resta un dominó completo desde 0-0 hasta 5-5. Propóngase a un amigo que intente cerrar una cadena con este ajedrez de orden 5 (que tiene, por lo dicho, 21 fichas). Le resultará IMPOSIBLE. De cualquier modo que lo intente, siempre le quedarán dos fichas sin encajar.

Y para una inocentada de otro tipo, explicaremos un juego de naipes, que sólo exige que el público sea algo sugestionable o, mejor, que el actor sea convincente en la mentira que va a decir.

Se pide al amigo que ponga las manos sobre la mesa como si fuese a tocar el piano, con los dedos algo flexionados. En cada una de las junturas, excepto en la última, se colocará

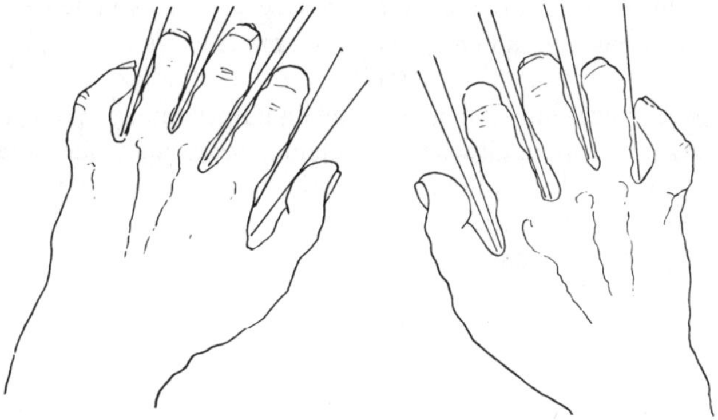

UN PAR de cartas, y en la última juntura se coloca una sola carta, IMPAR. Ahora se irá sacando sucesivamente cada par de naipes y separándolos en dos montones (cara abajo), diciendo cada vez: «Una carta al primer montón, su pareja al segundo». Al llegar a la última carta debe decirse: «Se acabaron los pares; ahora esta carta se queda de NON en el primer montón». Y luego: «Voy a pasar sobre estos montones un pañuelo; del montón de las cartas pares, una se va a trasladar al montón primero, el de impares». Efectivamente, hecho esto se pasan las cartas de cada montón repitiendo «una, dos; una, dos; ...»: en el primer montón hay un número PAR, y en el segundo hay un número IMPAR de naipes. (¡Naturalmente!).

d) Diez parejas

Este viejo e ingenioso juego, en sus ligeras variantes, no tiene mucho contenido matemático, pero no es inoportuno como descanso entre otras manipulaciones y cuentas menos sencillas.

Muéstrese al amigo un conjunto de diez parejas de cartas, y se le invita a que mentalmente elija una de las parejas, sin señalarla ni nombrarla. Hecho esto se recogen las parejas una sobre otra, *en cualquier orden pero sin desaparejarlas.* Hecho esto se distribuyen las cartas aparentemente al azar sobre un cuadro de 4 × 5 naipes. Este azar es fingido, porque realmente las cartas se han distribuido según el esquema mnemotécnico

M	U	T	U	S
N	O	M	E	N
D	E	D	I	T
C	O	C	I	S

que se utiliza así: Las cartas de cada pareja sobre la misma letra, la primera carta sobre una M, la segunda (pareja de la anterior) sobre otra M; la tercera sobre una U,... y así siguiendo hasta la última carta. Entonces se pide al amigo que nos diga en que filas se encuentra la pareja elegida, y esto basta para que inmediatamente la encontremos. En efecto, en cada dos filas hay sólo una letra repetida, y a ella corresponden las cartas de dicho par.

También se pueden presentar las parejas con los naipes superpuestos, de modo que sólo se vean diez cartas, de las cuales se elije mentalmente una, que será adivinada. La advertencia para esto es haber establecido un criterio para distinguir la carta visible de la carta tapada lo que es sencillo: pueden ponerse números pares o impares según el caso, o reservar el palo o palos de unas y otras, etc.

Capítulo 7

Dardos, dados y billar

a) Puntería y aritmética

Juan y Pablo tiran con dardos sobre una diana cuya forma y puntuaciones se representan en la figura. Esta diana debió preparársela un aritmético, pues con ella les incitó al siguiente desafío: Ganará el jugador que antes consiga con sus dardos acertar exactamente la suma de 100 puntos.

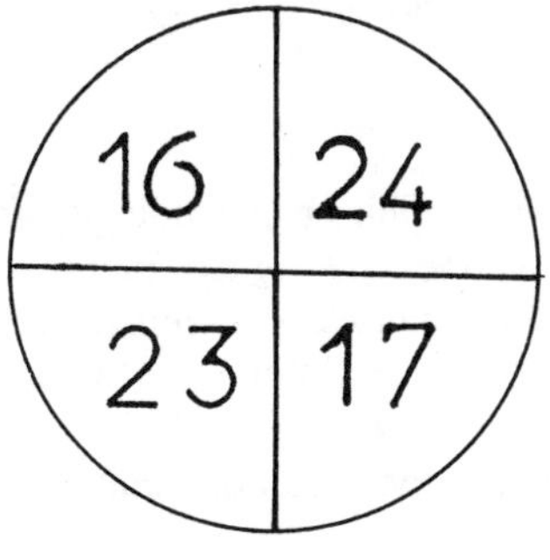

Téngase en cuenta que ambos jugadores no tuvieron jamás ningún fallo de puntería. Ganó Juan porque, sencillamente, era el que sabía más aritmética. ¿Qué tiradas hizo Juan? (Y si el lector tiene algún Pablo a su lado, puede inmediatamente desafiarse con él.) *(Véase pág. 72.)*

b) Juego en familia

Mis amigos Juan y Pablo, con nuestros hijos Julio, José y Luis, disparamos con dardos sobre una diana con número en cada casilla. Cada uno marcó en cada tiro tantos puntos como tiros hizo (es decir: si alguien tiró 10 tiros anotó 10 puntos en cada tiro). Cada padre se anotó 45 puntos más que su hijo. Yo disparé 7 tiros más que Luis y Julio 15 más que Pablo. ¿Cómo se llama mi hijo? ¿Quién es el hijo de Juan? ¿Cuántos puntos se marcaron? ¿Cuántos tiros se tiraron? *(Véase pág. 72.)*

c) Suma de puntos con tres dados

En este juego se trata de adivinar la suma de puntos obtenidos en varias tiradas que comienzan con tres dados, sin que el adivino los haya visto apenas un par de veces. Se recomienda al jugador que tira los dados que tome lápiz y papel, para que apunte las varias sumas que tendrá que hacer.

El jugador tira los tres dados, que el adivino no mira. Se le dice que sume los puntos marcados. Luego, que retire un dado y sume los puntos que marcaba su base, es decir, su cara inferior. Ahora el mago director los mira, para ver si son efectivamente dos. De nuevo, y sin mirar, pide al jugador que lance los dos dados, y agregue a la suma la de los puntos marcados. Luego, que retire un dado y sume también los puntos de su base. De nuevo el director dará un rápido vistazo para cerciorarse de que solo queda un dado. Luego de esto no lo mira más. El jugador tira ese dado, suma los puntos que muestra, y al retirarlo suma también los puntos que tenía en la base.

Después de esto, el adivino dice inmediatamente el resultado de la suma que ha calculado el jugador. En efecto: Esta suma es igual al número de puntos mostrados por los tres únicos dados que el adivino ha mirado (dos tras la primera tirada, uno tras la segunda) aumentada en 21 puntos.

La razón de esta regla es patente para quien esté familiarizado con el juego de dados, y se la daremos a todos los lectores. *(Véase pág. 73.))*

d) Billar y Geometría

Admitimos que la bola de billar se refleja en la banda formando un ángulo de incidencia igual al de reflexión. Las dos cuestiones que siguen, planteadas para un billar ordinario (mesa rectangular), se resuelven fácilmente por simetrías, como diremos. Para un billar circular el problema general es bastante difícil, y nos lleva al llamado problema de ALHACEN, como se verá.

En un billar rectangular, jugando con solo dos bolas, planteamos lo siguiente:

1. Determinar la dirección que debe darse a la bola A, para que después de reflejarse en la banda PQ venga a encontrar a la bola B.
2. Determinar la dirección que debe darse a la bola A, para que después de reflejarse en las tres bandas PQ, QR, RS, encuentre a la bola B.

El verdadero problema de los jugadores de billar es, que el impulso de la bola A se le debe dar con fuerza y dirección conveniente golpeándola con una tercera bola C, que a su vez rebota, y aquí no basta la Geometría: intervienen también la Física... y sobre todo la práctica. Pero la solución geométrica a las dos cuestiones propuestas es bien sencilla, como sigue:

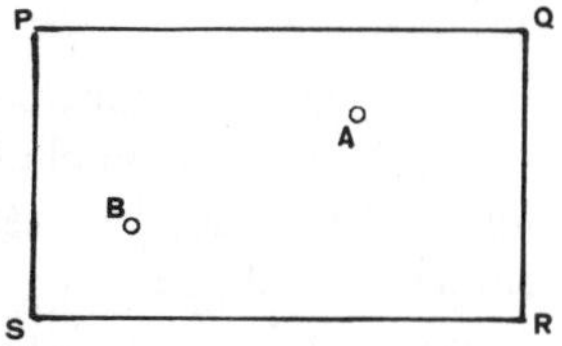

1. Se busca el punto A' simétrico del A respecto a PQ (o, como también se dice, reflejado de A en PQ). La recta $A'B$ cortará a PQ en el punto m, que debe ser el punto de incidencia de la bola A.

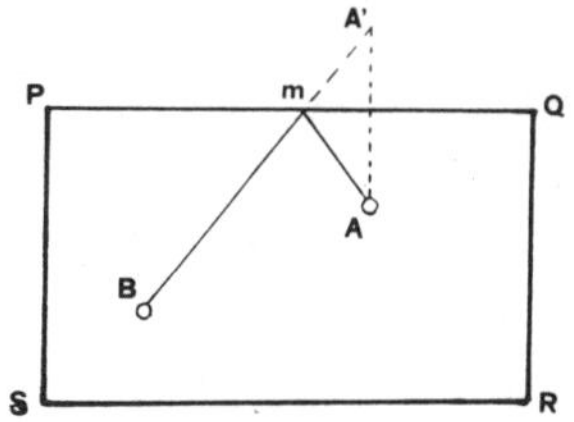

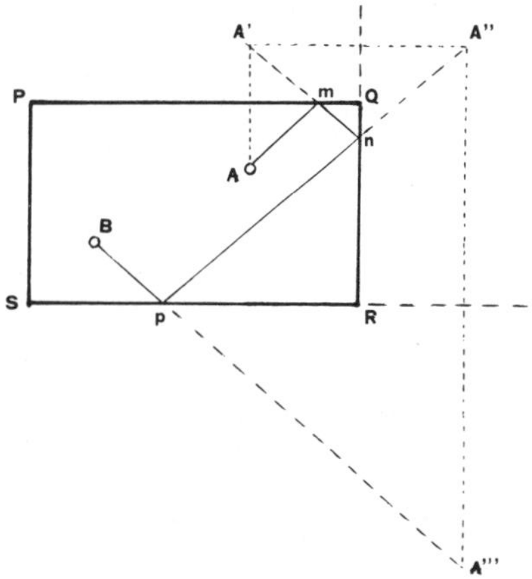

2. El A reflejado en PQ da A'. El A' reflejado en QR da A''. El A'' reflejado en RS da A'''. El punto A''' unido con B da el p, sobre SR; el punto p unido con A'' da el n, sobre RQ; el punto n unido con A' da el m, sobre PQ. Los puntos m, n, p, son los de choque de la bola A con las bandas que la repelen, para terminar chocando con la bola B. La figura lo demuestra con suficiente claridad.

Planteamos ahora el *problema de* ALHACEN.

Antes, aclaremos que ALHACEN no es ningún jugador de billar, sino el nombre con que es conocido un matemático y astrónomo árabe, del Cairo, del siglo XI, autor de un tratado de óptica, leído y utilizado por KEPLER (1571-1630). En ese libro se plantea y discute el verdadero problema de ALHACEN, esto es ¿En qué punto de un espejo cóncavo circular debe incidir la luz que viene de punto dado para que se refleje en otro punto también dado?

(Del espejo esférico se pasa inmediatamente a la sección plana circular, que puede verse como el billar del siguiente enunciado.)

En un billar circular (esto es, donde el borde de la mesa es una circunferencia) ¿qué camino debe seguir una bola *A* desde un lugar dado para encontrar a una segunda bola *B* después de haberse reflejado en la banda?

El problema general es bastante difícil.[1] Consideraremos sólo el caso muy particular en que los dos puntos *A* y *B* equidistan del centro *O* del espejo (o billar). Hay cuatro soluciones. Dos de ellas son las intersecciones de la banda del billar con el diámetro perpendicular a *AB*, como era inmediato. Las otras dos soluciones son la intersección de esa banda con la circunferencia que pasa por los puntos *OAB*.

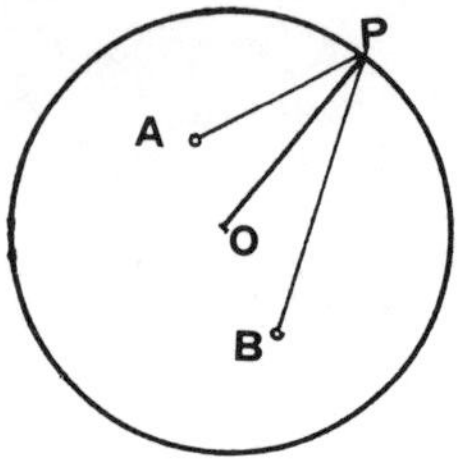

Caso general
(hay otras 3 soluciones)

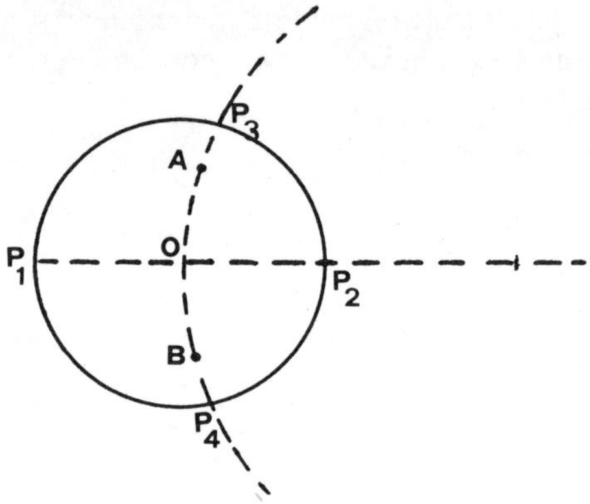

Caso en que $OA = OB$.

La demostración, que es sencilla, queda a cargo del lector.

[1] En el caso general la solución se encuentra en los puntos de intersección de la circunferencia dada con una determinada hipérbola (cuatro soluciones generalmente). De este problema se han ocupado, entre otros importantes autores, HUYGHENS (1629-1695), BARROW (1630-1677), RICATTI (1676-1754), etc.

Capítulo 8

Para responder sin cálculos

a) Las diez fichas

En un tablero cuadrado de 16 casillas están dispuestas 10 fichas como indica la siguiente figura

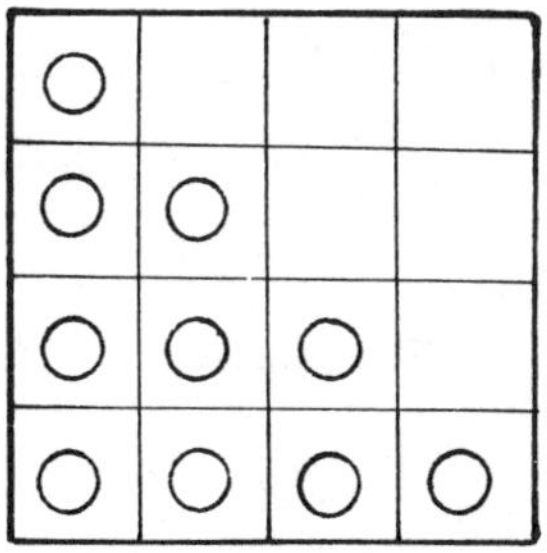

Se propone colocarlas de tal manera, que en cada fila horizontal o vertical, y en las dos diagonales, se encuentre un número par de fichas. *(Véase pág. 73.)*

(b) Escala de estaturas

Pedro tiene la estatura que tendrá Juan cuando crezca lo que le falta a Antonio para tener la estatura de Pedro. ¿Qué relación hay entre las estaturas de Pedro, Juan y Antonio? *(Véase pág. 73.)*

c) Juego con «chispa»

Pide a un amigo que deje sobre la mesa unas pocas monedas (tres es un buen número), o déjalo tu mismo. Después de verlas vuélvete de espaldas, o cierra los ojos, y pide que, sin tu verlo, voltee las monedas como y cuando quiera, una a una, y cada vez que le de vuelta a una moneda diga en voz alta «¡Chispa!», que es la palabra mágica clave del juego. Cuando haya terminado esto, le pides que tape con su mano una cualquiera de las monedas. Cumplido esto, vuelve tu mirada a la mesa, y de modo inmediato podrás acertar si la moneda tapada muestra cara o cruz. *(Véase pág. 73.)*

d) Cuestión de horario

El amigo Juan baja cada mañana desde su casa al molino, siguiendo un largo sendero a la orilla del río. Sale a las 6 en punto y llega a las 8 en punto. Por la tarde regresa del molino a su casa, subiendo a la orilla del río por el mismo camino que por la mañana. También sale a las 6 y llega a las 8, pero esta vez son horas de la tarde. El camino lo hace de modo muy irregular, se para a descansar cuando quiere, va despacio el trozo que le apetece, y si ha ido demasiado tiempo despacio tiene que correr luego, pero siempre el viaje es exactamente de dos horas, para lo que con frecuencia Juan consulta su reloj. De este modo se da cuenta, con sorpresa, de que cada día hay algún punto del trayecto en que el reloj marca la misma hora a la ida que a la vuelta. Este punto es variable de día a día, pero ningún día falta. Pensándolo bien esto era inevitable. ¿Por qué? *(Véase pág. 73.)*

e) Problemilla con moraleja

De un escrito de D. MIGUEL MARZAL, Catedrático de Instituto a principios de este siglo, tomamos la anécdota siguiente.

> «Respecto a los exámenes, ... acude a nuestra memoria una anécdota que refería el matemático francés Ed. LUCAS (1842-1891). En uno de esos grandes Congresos matemáticos a los que acuden naturalmente personas eminentes en la Ciencia, a la par que otras más humildes, se encontraban varios congresistas, algunos muy distinguidos, en el hotel, de sobremesa, después de reparar físicamente el gasto intelectual que habían hecho en la sesión. En esta situación se le ocurre a LUCAS proponer la cuestión siguiente: Está establecida una línea regular de vapores entre el *Havre* y *New-York*; sale de cada uno de los puertos un vapor todos los días a las 12 de la mañana, empleando en la travesía siete días; el que hoy sale de *Havre* ¿cuántos verá de la misma compañía hasta su llegada a *New-York*?

»Muchos de aquellos señores contestaron: *siete*, otros callaron prudentemente, todos se azoraron y, sin embargo, la cuestión es harto sencilla; puede resolverla un alumno de primera enseñanza. El lector verá con facilidad que la respuesta es (¿...?); pero no es lo mismo discurrir en el gabinete o que le cojan a uno desprevenido. Comentado esto, el matematico Sr. LAISANT, deduce la benevolencia que hay que usar con el que se examina, teniendo en cuenta su estado de ánimo. Pero cualquiera que sea la forma en que el examen se practique, creemos no debe consistir en tocar minuciosidades o en poner verdaderos acertijos; y al hablar así no aludimos precisamente a los Institutos, nos referimos a los exámenes en general.»

(Véase pág. 74.)

f) Las tapas desordenadas

Se dispone de tres cajas idénticas. En una de ellas se depositan dos bolas blancas (*B*). En otra se ponen dos bolas negras (*N*). En la tercera, una bola blanca y otra negra. De acuerdo con ello, en las tapas se indica *B B*, *N N* y *B N*, respectivamente.

Un amigo incordiante mueve las tapas de tal manera que ninguna de ellas se corresponde con su contenido. En esta situación nos desafía a que sacando a ciegas una sola bola de la caja que elijamos, acertemos con el contenido exacto de cada una de las tres cajas. *(Vease pág. 74.)*

g) Los maridos celosos

Este problema, de origen desconocido, ha sido tratado por TARTAGLIA, por BACHET y por otros autores.

Tres maridos celosos se encuentran con sus mujeres ante un río, y ven un barquichuelo sin barquero; este bote es tan pequeño, que no puede transportar más de dos personas a la vez. Se pregunta como pasarán estas seis personas, de manera que ninguna mujer quede en compañía de uno o de dos hombres si su marido no está presente.

La solución no es sencilla. Aconsejamos realizarla materialmente con fichas marcadas con letras o colores, como sigue:

A, B, C	son los maridos
a, b, c	son las respectivas esposas

Las situaciones en ambas orillas se suceden como sigue:

Primera orilla	*Segunda orilla*
A, B, C, a, b, c	. . . . . .
C, B, A, c, . .	a, b, ...
C, B, A, c, a, .	b, ...
C, B, A, . . .	a, b, c, . . .
C, B, A, c, . .	a, b, ...
C, c, ...	A, B, a, b, . .
C, c, B, b, . .	A, a, ...
c, b, ...	A, B, C, a, . .
c, ...	A, B, C, a, b, .
c, a, ...	A, B, C, b, . .
. . . . . .	A, B, C, a, b, c

(En nuestro libro *Diversiones Matemáticas* se presentan otros problemas de travesías condicionadas, no tan complicados como este.)

Capítulo 9

Para adivinar sin preguntar nada

a) Adivino improvisado

Podemos convertir en adivino al colaborador que se preste a hacer unos ligeros cálculos que se le indicarán. Al mago que dirige estos cálculos le llamaremos director.

El director escribe en un papel cierto número a menor que 50, por ejemplo 27. Se lo da a guardar al colaborador en el bolsillo, sin enseñárselo. El colaborador terminará adivinándolo mediante operaciones que hará en secreto.

Se pide al colaborador que escriba por su cuenta un número cualquiera del 50 al 100, sin decirnos cual sea. Por ejemplo, podrá escribir 58, número que el director desconoce. Ahora se le pide que sume cierto número: este sumando lo dice el director y es el «secreto» del truco: debe darse el número $99 - a$. En nuestro ejemplo diríamos que sumase 72. Hecha esta suma se pide al colaborador que quite la cifra de la derecha del resultado y se la sume a la izquierda. En nuestro ejemplo, si el colaborador había escrito 58, la suma es 130, que se convierte en 31. Lo que resulta, que el colaborador lo reste del número que él había escrito. En nuestro ejemplo, $58 - 31 = 27$. Este resultado es el número que le habíamos dado a guardar en el bolsillo. *(Véase pág. 74.)*

b) Los caramelos imaginarios

Abuelo: Extiende la mano.
Nieto: Aquí está.
Abuelo: Imagina un número de caramelos en tu mano. Los que quieras. No me digas cuántos.
Nieto: Ya está pensado.
Abuelo: Suma otros tantos que te da tu abuela.

Nieto: Ya los tengo sumados.
Abuelo: Toma otros seis que te doy yo, y cuenta cuántos tienes ya.
Nieto: Ya lo he hecho.
Abuelo: Tienes demasiados. Quita la mitad para tu hermana.
Nieto: Ya se los he dado.
Abuelo: Todavía son muchos. Devuelve a la abuela los que te dio.
Nieto: Me quedan ya muy pocos; devueltos están.
Abuelo: Yo sé muy bien cuántos te quedan. Te quedan tres. (Al decirlo se puede estrechar la mano tendida y depositar en ella tres caramelos reales).

El truco para este juego (que es una sencilla adaptación de un pasaje de los *Diálogos* de la Aritmética del Bachiller Juan Perez de Moya (1562)), consiste en que el número de caramelos restantes es la mitad del número de caramelos que haya dado el abuelo. *(Véase pág. 74.)*

c) Compra segura

Aunque la nominación popular de las monedas se varíe con los tiempos, y a veces se pierda, todavía suponemos de conocimiento general que el duro es una moneda que vale cinco pesetas, y que la peseta tiene valor de cuatro reales. Con esto puede entenderse sin dificultad cuanto sigue.

1. Pídase a un amigo que imagine cualquier número de duros.
2. Tome él en su mente la cantidad de cinco reales por cada duro.
3. Empleénse todos aquellos duros en comprar melones, sabiendo que cada melón cuesta tantos reales como se habían tomado en mente en el paso 2.

Ahora se le puede decir a nuestro amigo el número de melones que compró: Ha comprado cuatro melones.

El resultado es independiente del número imaginado en el punto 1. No es difícil encontrar la regla para proponer la misma cuestión con otros números. *(Véase pág. 74.)*

d) Cifra esperada

Escríbase, o mejor, hágase escribir un número de varias cifras (por ejemplo, cuatro o cinco cifras). Después se escribe otro número que tenga las mismas cifras que el primero, en cualquier orden; si las hubiese repetidas, deben repetirse el mismo número de veces en este otro. Del mayor de estos dos números réstese el menor. Sumar las cifras de la diferencia. Si esta suma tiene más de una cifra, súmense de nuevo, hasta llegar al resultado de una cifra. La cifra con que se termina este proceso es siempre nueve.

Ejemplo:

$$\begin{array}{r} 47515 \\ -\ 15547 \\ \hline 31968 \end{array}$$

$$3 + 1 + 9 + 6 + 8 = 27; \quad 2 + 7 = 9$$

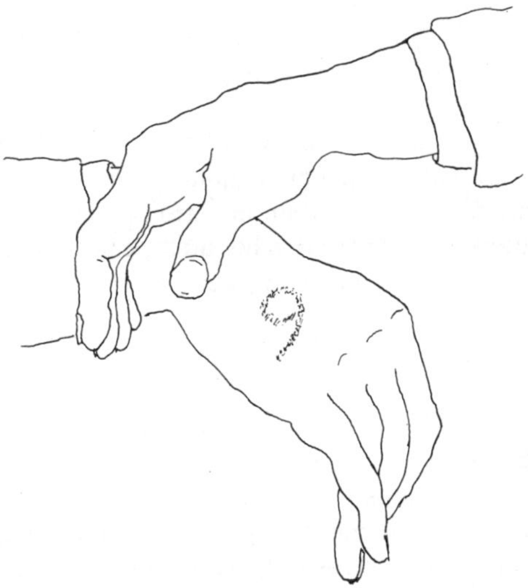

Nota sobre el modo de presentar un resultado.

Hemos visto una muestra de los muchos juegos de Aritmética en los que se llega a un resultado que está previsto por el «mago» director del juego. Aparte el interés aritmético, importa a veces poner alguna teatralidad en el modo de presentar este resultado y aquí la fantasía de los profesionales no tiene límite.

Por ejemplo, supongamos que hemos hecho realizar a nuestro amigo unos cálculos, cuyo resultado sabemos que debe ser nueve. En vez de decírselo así, podemos invitarle a que queme el papel donde realizó sus cálculos. Las cenizas nos revelarán el resultado: basta frotarlas sobre el dorso de la mano, para que aparezca un nueve nítido. La preparación para este efecto es bien sencilla: basta escribir en la mano el 9 con anís, o agua muy azucarada. En cuanto se seca resulta invisible, pero pegajoso para la ceniza.

Un matemático ilustrado, BACHET DE MEZERIAC, autor del primer libro de recraciones matemáticas, *Problemes plaisanç et deleictables que se font par les nombres* (1612), advierte atinadamente a los jugadores:

> «Recomiendo a los que quieran poner estos juegos en uso y hallar una distracción, que tengan cuidado de hacerlos con tal destreza, que no se pueda descubrir fácilmente el artificio; lo que encanta el espíritu de los hombres es un efecto admirable cuya causa les es desconocida. Por esto, si se hace varias veces seguidas el mismo juego, es necesario aportar siempre alguna diversidad.»

e) Final previsible

El efecto de este juego es adivinar, sin preguntar nada, el resultado de unas operaciones aritméticas cuyos datos han dado otras personas a su capricho.

1.º Se invita a un amigo a que piense un número (sea N).

2.º Se le dice que multiplique este número por otro, pensado arbitrariamente por nosotros, o que nos haya dado cualquiera de los oyentes. (Sea a este número, el producto será aN.)

3.º A este producto debe sumar otro número (sea b), elegido por nosotros o dictado por otro oyente.

4.º Esta suma deberá dividirla por un tercer número (sea c) en las mismas condiciones de arbitrariedad. (Nuestro colaborador tiene así calculado el cociente $(aN + b) : c$.

5.º Por nuestra parte calculemos mentalmente el cociente $a : c$.

6.º Se pide al amigo que calcule el producto de $a : c$ veces el número que había pensado primero. Luego, que este producto lo reste del cociente calculado en el punto 4.º.

7.º Estamos en condiciones de decirle ya el resultado de sus cálculos, pues habrá resultado el número $b : c$.

La notación algebraica hace trivial la justificación del resultado, que para el no preparado es sorprendente. (Si los números los elije el «adivino», procurará que la división $a : c$ sea exacta, para mayor claridad de cuanto sigue. Pero si se trata de practicar con un escolar el cálculo con fracciones, no da lugar a esta previsión.)

Capítulo 10

Número y forma en escena

a) Frase con cuenta y razón

El director de este juego de adivinación deja sobre la mesa una caja o plato con un montón de anises, (o de garbanzos, etc.). Digamos ahora que el tal montoncillo debe tener precisamente 24 anises, pero no conviene que el público lo sepa. Entonces, a los tres oyentes que van a intervenir en el juego entregará, al primero uno, al segundo dos y al tercero tres de los anises citados. Hecho esto entregará tres objetos para que estas tres personas se los repartan a su gusto, sin que el director o «mago» vea como lo hacen. A estos tres objetos el dador los ordena en mente según su valor: así, pueden ser tres naipes según su número, o tres monedas según su tasa, etc. Sea A el objeto que el mago ha decidido sea el más valioso, E el objeto que le sigue en valor, e I el de valor menor; de cuya ordenación de valores el público no tiene porque saber nada: se trata sólo de un recurso mnemotécnico.

Después de ésto, y siempre sin mirar nada de lo que ocurre, el director pide que quien se quedó con el objeto A, retire de la caja tantos anises como tuviere. Cuando le digan que ello es hecho, prosiga: «El que se quedó el objeto E tome dos veces el número de anises que ya tiene». Y después de hecho esto, concluya: «Quien se quedó con el objeto I que tome cuatro veces tantos anises como tuviere».

En este momento el director «adivino», con una mirada a la mesa, que le permita ver cuántos anises han quedado en la caja, podrá decir inmediatamente la pieza que se quedó cada uno de los tres jugadores. Y esto lo hará con una ingeniosa frase, cuya justificación aritmética explicaremos luego, pero cuyo enunciado y empleo diremos ahora. La frase tiene siete palabras y es como sigue:

APERI, PREMATI, MAGISTER, NIHIL, FEMINA, VISPANE, VISPENA

Si el adivino observa que ha sobrado un anis, utiliza la dicción APERI; si han sobrado dos, utiliza PREMATI, si tres, se utiliza el MAGISTER. Como cuatro anises no aparecen nunca, se tiene ahí la palabra NIHIL. Lo mismo, si sobrasen cinco, o seis o siete, se acude a las voces respectivas, FEMINA O VISPANE, O VISPENA. Estas palabras dan inmediatamente el reparto de objetos. En el caso VISPANE, el primer jugador tiene el objeto *I*, el segundo tiene el objeto *A*, y el tercero tiene el objeto *E*; y análogamente en los otros casos. *(Véase pág. 74.)*

b) Sobre lo que no ocurrió en Cartago

Según la leyenda, el origen fundacional de Cartago, fue obra de un grupo de fugitivos de Tiro, que hacia el siglo IX a. de C. alcanzaron la entonces floreciente ciudad de Cambé (donde hoy es Túnez). La reina de los fugitivos, la mítica DIDO, solicitó del rey YARBA la autorización para establecerse en su reino, a lo que este accedió irónicamente concediéndole la extensión de terreno que pudiera medirse con la piel de un buey. Entonces DIDO, pidió la tal piel de un buey, y mandó cortarlas en estrechas tiras, que luego anudó para formar con ellas un larguísimo cordón. Con este cordón pudo acotar una extensión de terreno suficiente para fundar la colonia.

Puede ahora pensarse lo que habría ocurrido si el rey YARBA, llamándose a engaño, hubiese exigido como condición suplementaria que la piel de buey no fuese partida (técnicamente «desconexa») esto es, prohibir toda posibilidad de hacerla trozos distintos, de romperla. ¿Podría con esta exigencia haberse acotado un terreno de consideración? Para mostrarlo, sustituiremos la dicha piel por una tarjeta postal.

La solución se consigue doblando sobre sí misma la tarjeta por la línea media. Trazando luego una serie de cortes perpendiculares a la línea media, desde ésta hasta cerca del borde libre. Luego, intercalados entre los anteriores, otros cortes desde el borde libre hasta cerca de la base media. Finalmente, cortar la base media hasta la proximidad de los bordes. Al desplegar la tarjeta cortada, esta queda convertida en un aro a cuyo través puede pasar el operador.

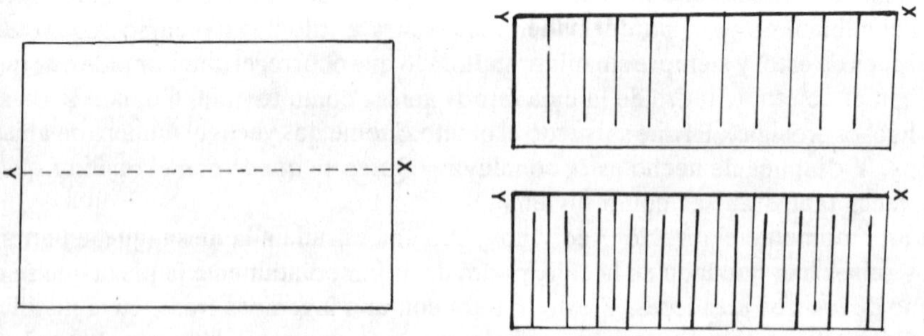

Este artificio no le será tan útil al lector como le fue el suyo a DIDO, pero es, después de todo, la forma más aproximada de abrazar a un ausente con una tarjeta postal.

Otra agradable variante del juego es presentar un disco perforado de papel, que puede hacerse tomando como plantilla un disco microsurco pequeño (17 cm) con agujero grande. Se propone entonces agrandar el agujero sin partir el disco, de modo que el operador pueda pasar a través del agujero así ensanchado.

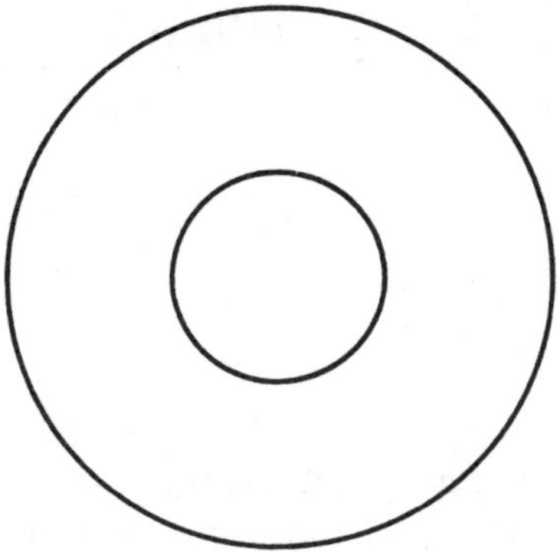

El modo de operar, comienza doblando el disco sobre sí mismo dos veces. En el cuadrante que resulta de este modo se hacen cortes análogos a los de la tarjeta antedicha, como muestra la figura. Al desplegar este cuadrante de papel, resulta fácil atravesar el disco por el nuevo agujero.

c) La torre de Hanoi

Para el juego que sigue disponemos de tres pequeños platillos, y de un número variable de monedas de diámetros distintos, como 50 pts., 25 pts., 5 pts., ...

En uno de los platillos se colocan varias monedas, una de cada clase, por orden de tamaño (o de valor, si así se conviene) de forma que la mayor quede debajo, naturalmente.

El juego consiste en pasar las monedas a otro platillo, donde han de quedar superpuestas en el mismo orden dicho, pero con la condición de que en cada movimiento se mueva una sola moneda de uno a otro platillo, y que en ningún momento resulte una moneda colocada encima de otra de diámetro menor.

Expliquemos esto con dos monedas. Sean A la mayor y B la menor: A > B, y comenzamos con A en un platillo y B encima de A. Las sucesivas situaciones en cada platillo se indican en el cuadro siguiente (el punto indica que el plato está vacío):

	Plato I	*Plato II*	*Plato III*
Comienzo	A B	.	.
Jugada 1	A	B	.
Jugada 2	.	B	A
Jugada 3	.	.	A B

Sea ahora el juego con tres monedas, A, B, C nombradas por orden decreciente. Como antes, la marcha del juego se indica así:

	Plato I	*Plato II*	*Plato III*
Comienzo	A B C	.	.
Jugada 1	A B	.	C
Jugada 2	A	B	C
Jugada 3	A	B C	.
Jugada 4	.	B C	A
Jugada 5	C	B	A
Jugada 6	C	.	A B
Jugada 7	.	.	A B C

Este juego se conoce con el nombre de *La torre de Hanoy*. En su versión oriental genuina, en vez de monedas se dan discos de diámetro creciente, perforados en el centro, para poder engastarse en tres vástagos de palo verticales, que aquí vemos sustituido por platillos para poder improvisar la partida aunque no se disponga del juguete.

Con cuatro discos (o monedas) hubieran sido necesarias 15 jugadas; con cinco discos 31 jugadas y, en general, con *n* discos se necesitan $2^n - 1$ traslados. Este número crece con sorprendente rapidez. Con 10 discos se necesitarían 1.023 traslados; con 20 discos, 1.048.575 traslados, ..., y con 64 discos, a razón de *un traspaso por segundo* y sin pausas, habría que emplear más de 58.454 millones *de siglos.*

Según una leyenda oriental, este último trabajo es el que Brahma dejó encargado a los sacerdotes de Benarés, y cuando lo terminen el traslado de los 64 discos, se terminará el mundo. ¡Pero según los astrónomos el mundo no va a durar tanto, ni muchísimo menos!...

(Otro efecto sorprendente de la rapidez con que crecen las potencias de 2, puede leerse en pág. 55.)

Capítulo 11

Tangram y pavimentaciones

1. El tangram mínimo de Brügner

El tangram es un juego de origen chino y remotísimo. Consiste en una figura geométrica sencilla, generalmente un rectángulo o un cuadrado, que se fracciona en varias partes, con las que se pueden formar, reagrupándolas, diversas figuras significativas.

Parece claro, que para que un tangram resulte interesante, deberá constar, por lo menos, de tres piezas. Recientemente el matemático Georg Brügner, miembro de la Universidad de Friburgo, ha estudiado cuidadosamente el tangram que resulta dividiendo un rectángulo en tres triángulos rectángulos, por una diagonal y la perpendicular a ella desde un vértice, como muestra la siguiente figura.

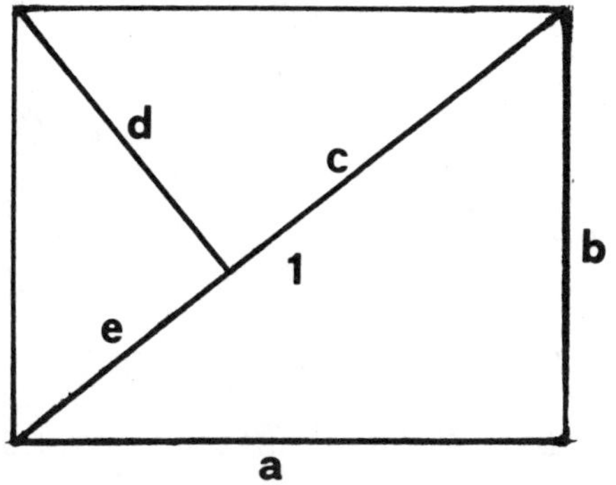

Si el rectángulo es genérico, es decir, si los segmentos *a, b, c, d* y *e* son desiguales entre sí, este tangram permite construir once figuras convexas (el lector se equivoca si cree que le va a resulta trivial conseguirlas) a saber:

2 rectángulos, 2 triángulos, 2 paralelogramos,
2 trapecios, 1 deltoide, 1 pentángono.

Ahora bien, cuando los segmentos *b* y *c* sean iguales (tal es el caso de la figura antes dibujada) entonces pueden construirse con el tangram dieciseis figuras convexas. Estas son las de la siguiente figura, que está tomada de la Nota de BRÜGNER en la Revista BIT (1984). Otra vez advertimos que es fácil impacientarse antes de conseguirlas.

Si en la figura 1 se toma la diagonal como unidad de longitud, es fácil demostrar que la condición $b = c$, trae consigo las siguientes:

$$b = a^2, \quad c = a^2, \quad d = a^3, \quad e = a^4$$

y además c es la parte aúrea de la diagonal, o dicho de otro modo: en el tangram óptimo (es decir, que permite el máximo de figuras convexas deducidas), la altura sobre la diagonal la divide en media y extrema razón.

He aquí, pues, otra aparición reciente de la divina proporción, que el lector puede agregar a cuantas se dicen en un próximo capítulo (Parte II, Sec. 6).

Mencionemos por último, que si el rectángulo es cuadrado, $a = b$, entonces el tangram da solamente cinco figuras convexas, que Brügner enumera: 1 cuadrado, 1 rectángulo, 1 triángulo, 1 paralelogramo y 1 trapecio.

2. Pavimentaciones regulares

Un problema que surge espontáneo en arquitectura, para establecer las posibilidades de enlosar el suelo con ladrillos de forma regular, es el siguiente:

Determinar los modos de pavimentar una superficie plana con polígonos regulares de igual lado, de modo que en torno de cada vértice se encuentre siempre el mismo número de polígonos.

El número de soluciones es limitado, pero tal vez mayor del que suele imaginarse previamente. Para encontrarlas, recordemos que la suma de todos los ángulos de un polígono es tantas veces dos rectos como lados tiene menos dos lados. Sean ahora

Polígono 1.º: tiene x_1 lados. Cada ángulo vale $\dfrac{2(x_1 - 2)}{x_1}$ rectos.

Polígono 2.º: tiene x_2 lados. Cada ángulo vale $\dfrac{2(x_2 - 2)}{x_2}$ rectos.

Polígono n.º: tiene x_n lados. Cada ángulo vale $\dfrac{2(x_n - 2)}{x_n}$ rectos.

Como la suma de los ángulos en torno al vértice debe valer cuatro rectos, tenemos

$$\frac{2(x_1 - 2)}{x_1} + \frac{2(x_2 - 2)}{x_2} + \dots + \frac{2(x_n - 2)}{x_n} = 4$$

esto es, finalmente,

$$\frac{1}{x_1} + \frac{1}{x_2} + \dots + \frac{1}{x_n} = \frac{n - 2}{2}$$

Tengamos en cuenta que debe ser $n \leq 6$, pues el ángulo menor corresponde al triángulo, y seis triángulos en torno a un vértice común completan efectivamente un plano: Esta, corresponde aritméticamente a la solución

$$n = 6, \qquad x_1 = x_2 = ... = x_6 = 3.$$

Para $n = 3$ son construibles los siguientes pavimentos:

$$n = 3, \quad x_1 = 3, \quad x_2 = x_3 = 12$$
$$n = 3, \quad x_1 = 4 \quad x_2 = 6 \quad x_3 = 12$$
$$n = 3, \quad x_1 = 4 \quad x_2 = x_3 = 8$$
$$n = 3, \quad x_1 = x_2 = x_3 = 6.$$

Indicaremos con $(n; x_1, x_2, ..., x_n)$ las otras soluciones construibles, que son:

(4; 3,3,6,6), (4; 3,4,4,6), (4; 4,4,4,4)
(5; 3,3,3,3,6) (5; 3,3,3,4,4)
(6; 3,3,3,3,3,3)

Como los únicos polígonos regulares que intervienen en estas construcciones son los de 3, 4, 6, 8 y 12 lados, invitamos al lector paciente a construirse un conjunto de «baldosas» de cartulina de tal género, todas del mismo lado, y realizar las pavimentaciones.

(Pueden verse más detalles del problema y sus generalizaciones M. CIPOLLA, Enciclop. Berzolari. Vol. III, que hemos utilizado en parte de este artículo.

Capítulo 12

Para tertulias con lápiz y papel

a) Adivinar la fecha del nacimiento

Para adivinar de modo sorprendente la fecha del nacimiento de una persona, invítesele a que haga las operaciones siguientes:

1. Multiplicar por 2 el número que indica el día del nacimiento.
2. A este resultado añadirle 4; multiplicar la suma por 50.
3. Añadir el número de orden del mes de nacimiento.
4. Multiplicar por 100 (esto es, añadir dos ceros).
5. Restar la edad que se tenía al terminar el año anterior.

En este momento es necesario pedir a nuestro amigo el resultado de estas operaciones. Sea, por ejemplo, el número 310 636. He aquí lo que nos queda a nosotros por hacer:

a) Réstese el número 20 001

$$\begin{array}{r} 310\,636 \\ -\;\;20\,001 \\ \hline 290\,631 \end{array}$$

b) Súmense las dos últimas cifras del año en curso (sea 1986)

$$\begin{array}{r} 86 \\ \hline 290\,717 \end{array}$$

El resultado, 29/07/17, nos indica que nuestro amigo nació el 29 de julio de 1917.

b) El teléfono del profesor

Un profesor de matemáticas convino con sus alumnos, que le llamasen por teléfono para concertar definitivamente la fecha de los exámenes. Cuando estos quisieron llamarle, se encontraron con que había perdido la apuntación del número del teléfono. Sin embargo, por detalles fragmentarios que pudo aportar cada uno de los alumnos, consiguieron fácilmente reconstruir el número perdido. He aquí los datos que pudieron aportarse:

1. Que el número del teléfono era de seis cifras
2. Que todas eran distintas.
3. Que las tres primeras cifras formaban un número cuadrado.
4. Que las tres últimas cifras formaban un número cúbico.
5. Que las dos cifras centrales formaban un número primo.
6. Que el número del teléfono era divisible por tres.

Con estos datos invitamos al lector a que deduzca por su cuenta el número de ese teléfono.

Nota: Será fácil advertir que uno de los datos que se han dado es superfluo.

(Véase pág. 75.)

c) Por el hilo se saca el ovillo

Pídase a un amigo que escriba a su gusto, sin decírnoslo, un número de varias cifras consecutivas, las que él quiera, como puede ser, por ejemplo,

$$4567.$$

Luego se le pide que encima de este, escriba el número que resulta con las cifras en orden invertido, y que reste ambos números. En nuestro ejemplo se haría así:

$$\begin{array}{r} 7654 \\ -4567 \\ \hline 3087 \end{array}$$

Le pedimos ahora que nos diga la cifra de las unidades, esto es, la cifra de la derecha, en la diferencia. Con este dato, haciendo nosotros un pequeño y rápido cálculo, le podremos decir completa la diferencia que le ha resultado. *(Véase pág. 75.)*

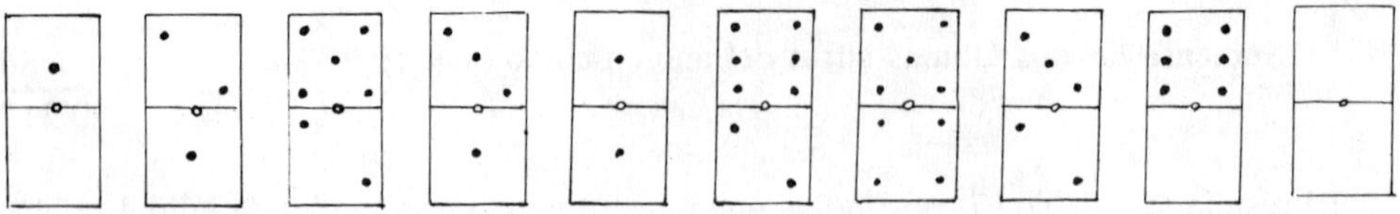

d) El dominó recontado

En este juego el dominó puede ser completo (28 fichas), o tener N fichas (porque falten algunas, o porque se añadan las de otro dominó).

Sobre tres folios, o tres compartimentos, que designamos por A, B, C, colocaremos las fichas de la siguiente manera.

1. Todas las fichas se ponen en A, vueltas.

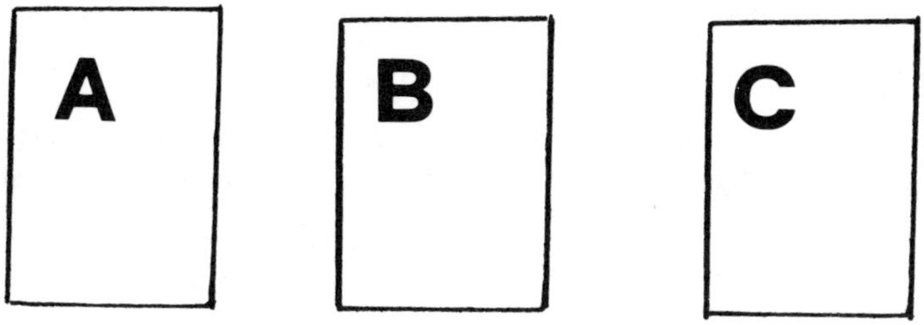

El adivino (o maestro) no mirará las siguientes operaciones. Sus instrucciones serán claras, pero sería prudente contar con un ayudante que asegurase que son bien interpretadas por el oyente (o alumno). El mago dice lo siguiente:

1. Pon doce fichas de A en B, y una ficha trece en C. Mira el número de puntos de esta última, pero colócala vuelta. (Sea 9).

2. Del montón A pasa a B las fichas necesarias para completar ese número hasta 12 (contaría: diez, once, doce) y cuenta la ficha 13 que después de mirar sus puntos dejarás vuelta en C.

3. Repetir lo mismo, si en A hay fichas bastantes. Cuando se acaben las fichas de A, se hará lo siguiente:

4. a) Si se acaban las fichas de A en la que hace 13, la depositas también en B, no en C.
b) Si se acaban las fichas de A antes de 13, (por ejemplo en la que hace 10), se cuenta hasta 13 con las fichas de B, devolviéndolas a A, ninguna a C.

Efecto: Ahora, mirando la situación de la mesa podrá el maestro deducir la suma de los puntos que marcan las fichas en C. *(Véase pág. 76.)*

e) Cuestión de medir y pesar

Un ciudadano vendedor, se encuentra en el mercado con una balanza de dos brazos para pesar sus ventas, pero infortunadamente se ha dejado las pesas olvidadas en su casa. Sin embargo, entre sus enseres se encuentra con que dispone de los siguientes elementos: una barra de hierro de 80 cm de longitud y 40 libras de peso; una cinta métrica; una sierra para metales. ¿Cómo hará con no más de tres cortes un sistema de pesas que le permita pesar, libra por libra, todos los pesos desde una hasta cuarenta libras? *(Véase pág. 77.)*

f) Teorema chino de los restos

a) Se tiene una extensa serie de volúmenes de una popular colección de libros. Se pretende enviarlos por correo, y se empaquetan de 2 en 2, con lo que sobra uno. Se intenta empaquetarlos de 3 en 3 y entonces sobra también uno. Si se intenta empaquetarlos de 5 en 5, sobran tres. Hay menos de 50 libros. ¿Cuántos hay?

La respuesta es, 43 libros.

De un modo más general, si al dividir un número por 2, por 3 y por 5, los respectivos restos de la división son a, b y c, el número esta dado por

$$15a + 10b + 6c \pm \text{ cualquier múltiplo de } 30.*$$

La razón de este raro resultado es el llamado Teorema chino de los restos, que luego explicaremos. Antes pongamos otro ejemplo particular de aplicación de este Teorema.

b) *Encontrar un número del que se sabe que dividiéndole por 3, por 5 y por 7, da respectivamente restos* a, b *y* c.

Los números con tales restos son ahora los siguientes:

$$70a + 21b + 15c \pm \text{ cualquier múltiplo de } 105.$$

Para determinar uno de estos números habrá que añadir una condición suplementaria. Por ejemplo: Hallar un número que sea menor que 100 y dividido por 3 de resto 1, dividido por 5 de resto 4 y dividido por 7 de resto 5. En este caso, es

$$70 \times 1 + 21 \times 4 + 15 \times 5 = 229,$$

pero como el que buscamos debe ser menor que 100, dividiremos 229 por 105, y nos resulta como resto 19, que es el número pedido.

Antes de explicar el citado Teorema chino, un ejemplo más.

c) Dígase el número de letras que tiene el nombre de la dama dueña de los pensamientos de DON QUIJOTE, sabiendo que éste le pidió al Bachiller SANSÓN CARRASCO (en el Cap. IV de la Segunda parte), compusiese unos versos acrósticos para su dama, esto es «que en el principio de cada verso había de poner una letra de su nombre, de manera que al fin de los versos, juntando las primeras letras se leyese el nombre de su dama». A lo cual el muy socarrón bachiller contestó que sí haría aunque hallaba una dificultad grande en su composición, «... a causa de que si hacía castellanas de a cuatro versos sobraba una letra, y si de a cinco, a quien llaman décimas o redondillas, faltaban tres letras; pero con todo eso, procuraría embeber una letra lo mejor que pudiese, de manera que en las castellanas se incluyese el nombre de la dama». «Ha de ser así en todo caso —dijo Don Quijote— que si allí no va el nombre patente y manifiesto, no hay mujer que crea que para ella se hicieron los versos».

El número de letras es diecisiete (y es claro que la dama es *Dulcinea del Toboso*). Si queremos la fórmula que nos dé el número de letras que dividido por 4 de resto a y dividido por 5 nos de resto b, es la siguiente

$$5a + 16b \pm \text{ múltiplos de } 20.$$

* El signo $\pm$ significa que puede sumarse o restarse la cantidad que le sigue.

En el caso planteado por Sansón Carrasco se tiene

$$5 \times 1 + 16 \times (-3) + 60 = 17.$$

El principio general para resolver estos problemas es el siguiente,

Teorema chino de los restos. Si A, B, C, son números primos entre sí, es posible encontrar un número N que dividido por A de resto a, dividido por B resto b, y dividido por C resto c.

Para encontrar este número, pongamos

$$ABC = M = AA' = BB' = CC',$$

y busquemos tres números α, β, y γ que cumplan estas condiciones:

$A'\alpha$ da resto 1 al dividirlo por A

$B'\beta$ da resto 1 al dividirlo por B

$C'\gamma$ da resto 1 al dividirlo por C

entonces, el número

$$N = A'\alpha a + B'\beta b + C'\gamma c,$$

satisface a la condición exigida en el enunciado, y los mismos restos dan todos los números que resultan sumando o restando a éste cualquier múltiplo del producto ABC.

g) Los dos bebedores

Un inglés y un alemán beben de un barril de cerveza por espacio de dos horas, al cabo de las cuales el inglés se queda dormido y el alemán se bebe lo que resta en 2 horas y 48 minutos; pero si el alemán se hubiera dormido en vez del inglés y éste hubiese continuado bebiendo, habría tardado en vaciar el barril 4 horas y 40 minutos: ¿en cuánto tiempo se lo hubiera bebido cada uno? (Salinas y Benítez, *Álgebra*.)

Es evidente que va tácita la hipótesis de que los dos personajes se comportan como desagües del barril, y con velocidad uniforme de salida cada uno. Concedido esto al por tantos años popular texto de donde se ha tomado este enunciado, indiquemos el modo de responderle. Si el inglés tarda x horas en beber todo el barril, y el alemán tarda y horas, los dos juntos en dos horas habrán bebido $2(1/x + 1/y)$ parte del barril; y en las 2 y 4/5 horas que bebe sólo el alemán desaparecerá del barril una cantidad de cerveza $2\frac{4}{5} \times \frac{1}{y}$, lo que, con lo anterior, completa el contenido del barril; y lo análogo cuando beba sólo el inglés, de donde el sistema

$$2\left(\frac{1}{x}+\frac{1}{y}\right)+2\frac{4}{5}\times\frac{1}{y}=1$$

$$2\left(\frac{1}{x}+\frac{1}{y}\right)+4\frac{2}{3}\times\frac{1}{x}=1$$

que se resuelve fácilmente tomando como incógnitas $1/x = x'$ y $1/y = y'$, de donde $x = 10$, $y = 6$, es decir, que el alemán se bebería sólo el barril en 6 horas, mientras que el inglés necesitaría 10 horas.

Capítulo 13

Problemas notables de viejos libros

a) Miscelánea aritmética

El libro a que nos referimos ahora es la *Aritmética* de A. PUIG (Barcelona, 1682), que ya mencionamos en § 5, b). Hemos elegido algunos problemas, y al calificarlos de notables no queremos indicar que sean originales, ni difíciles, sino que por su enunciado pueden interesar al lector medio, que los puede resolver sin dificultad. Conservamos la redacción original. (En paréntesis se da la localización del enunciado en el texto de PUIG.)

1. (Libro 3, Capítulo 12, Ejemplo 2). Un ciudadano estando enfermo hizo testamento, dejando su mujer preñada, y 4.200 ducados de hacienda, ordenando, que si su mujer pariese hijo, le den los dos tercios de su hacienda, y a la madre un tercio; pero si pariese hija, la madre haya los dos tercios, y la hija un tercio. Muerto este Ciudadano, parió su mujer un hijo y una hija. Pídese como se repartirán la dicha hacienda para que se cumpla la voluntad del testador.

2. (L. 3, C. 12, E. 7). Un mercader estando enfermo hizo testamento, dejando ciertos hijos, y cierta cantidad de hacienda, ordenando que al hijo primero le diesen la sexta parte de la hacienda, y 300 ducados más, y al segundo la sexta parte del restante, y 600 ducados más, y al tercero la sexta parte del restante y 900 ducados más, y con este orden en los demás, dando siempre a cada uno la sexta parte del restante, y 300 ducados más al uno que al otro. Muerto el padre, partieron la hacienda, y hallaron que tanto vino al uno como al otro. Pídese cuántos hijos dejo el padre, cuánta hacienda, y cuánto vino por cada uno.

3. (L. 4, C. 11, E. 5). Si de dos cercos que cada uno cierra tres cuarteras de trigo se hiciese uno solo [todos de forma semejante], pregúntase cuántas cuarteras cerraría el dicho cerco.

4. (L. 4, C. 10. E. 15). El Rey nuestro Señor mandó hacer una fortaleza, por lo cual mandó llamar 3 oficiales, el primero de los cuales con su gente, se obligó a hacer en 20 meses. El segundo en 15 meses. Y el tercero en 12 meses. Pregúntase, (para que sea hecha con menos tiempo) trabajando los tres oficiales juntos, ¿dentro de cuántos meses las tendrán acabada?

Nota. Es evidente la total falta de sentido de la realidad, y aún común, en esta ingenua variante de los clásicos problemas de grifos llenando una fuente. Pero todavía se sigue enseñando a falsificar así la realidad, en problemas del tipo de: 30 obreros hacen un puente en 4 meses ¿cuánto tardarán 42 obreros?, problemas que han hecho ridiculizar la utilísima regla de tres, lamentablemente desterrada de la enseñanza.

5. (L. 4, C. 10, E. 11). Un mercader entró por el portal de mar de esta ciudad de Barcelona 240 quintales de lana, por los cuales pagó de derecho un quintal de la misma lana, y 36 reales más; y al cabo de poco tiempo entró 180 quintales de la misma lana, y por los derechos pagó un quintal de la dicha lana, y los del derecho le volvieron 24 reales. Pregúntase, pagando en un mismo respeto ¿a razón de cuántos reales le estimaron el quintal?

6. (L. 4, C. 10, E. 27). Si uno se imaginare en su memoria este número 8, se pregunta como sabremos que número imaginó. Digo, que de esta manera; di al que se ha imaginado el 8 (sin tu saber que número se imaginó) que le multiplique por 3 y montarán 24, a los cuales dirás que añada su mitad, que por ser 12, harán 36. Ahora preguntarás cuantos nueves hay en este número, y si sobra algo [sin decir cuanto], y el otro ha de responder que hay 4 nueves justos, por cada uno de los cuales tu secretamente tomarás 2, y según esto por los cuatro nueves tomarás 8, y tanto dirás ser el número que se imagino. Pero si te dijeren que sobra algo, tomarás asimismo 2 por cada nueve, y uno de más por aquello que sobra. Ejemplo, uno se ha imaginado 7, dile que le multiplique por 3 y montarán 21, a los cuales les mandará que añada su mitad y serán 31 $^1/_2$; ahora preguntarás cuántos nueves hay y si sobra algo, que responderán que hay 3 nueves y sí sobra algo. Toma por cada 9 un 2, y uno por lo que sobra, y di, que se imaginó 7, y de esta manera parece que se adivina el número que el otro pensó.

7. (L. 4, C. 10, E. 33). Si uno tomare tantos dineros, o reales, en una mano, como en la otra, así como 8 dineros en cada mano, di que de la mano izquierda ponga 5 dineros a la mano derecha, y luego, que ponga de la mano derecha a la izquierda tantos dineros, como le quedaron en la dicha mano izquierda; y hecho esto, tu le puedes decir que le adivinarás los dineros que tiene en la mano derecha, sin preguntarle ninguna cosa; y decirle, que en la mano derecha tiene 10 dineros, esto es, el duplo del número que de la mano izquierda puso a la derecha, esto es, el duplo de 5, que es 10. *(Véase pág. 77.)*

b) Música y progresión geométrica

De lo rápidamente que crecen los términos en progresión geométrica de razón entera, es un ejemplo muy conocido el problema de los granos de trigo en el tablero de ajedrez. También es sorprendente y menos conocido el cálculo con base en la música que desarrolla el P. TH. V. TOSCA en el Apéndice del T. II de su *Compendio Mathematico* (1757), que exponemos con su misma redacción.

«*Imposible es son sensible, que esté en la parte grave quince octavas.*

La razón es clara, porque para la formación de este son sería menester una cuerda, cuya longitud se extendiese más de una legua. Como se verá si suponemos una cuerda de un pie de larga; porque si esta se duplica tenemos el son de una octava bajo; y si esta segunda cuerda se duplica, tendremos el sonido de dos octavas; váyase, pues, multiplicando continuamente por dos, hasta que se llegue con esta progresión dupla a 15 términos, y el término decimoquinto que será 32768 pies, será la longitud de la cuerda que con la misma tensión sonaría quince octavas más baja que la cuerda de un pie; y porque 5 pies hacen un paso, partiendo la dicha cantidad por cinco salen 6553 pasos y 3 pies; y porque mil pasos hacen una milla, partiendo 6553 pasos por mil, serán seis millas y 553 pasos, que son más de dos leguas y media de a tres millas, que es mucho más de una Legua española. Siendo pues esta cuerda tan larga, su movimiento vibratorio sería tardísimo, y por consiguiente inepto para impeler el aire de suerte que pudiese inmutar el oido, y causar son sensible. Síguese de aquí, que la cuerda que había de formar 37 octavas más bajo que el son de una cuerda de un pie, llegaría su longitud desde el centro de la Tierra, hasta mucho más alto que el Sol, según el cálculo del Padre Mersenno; porque prosiguiendo la progresión dupla en la forma dicha, es el término 37 el siguiente: 136.631.247.872 y tantos pies en longitud había de tener la dicha cuerda, distancia mayor que la del Sol. Y estando a la observación del mismo Padre Mersenno, de que una cuerda de tres pies, por espacio de un segundo de tiempo hace 1728 vibraciones, se sigue, que la cuerda dicha, que tendría de largo 136.631.247.872, para hacer una vibración tardaría dieciseis años y tres meses. Donde se ve, que aquel movimiento insensible con que las plantas crecen, es más veloz, que el movimiento que tendría la dicha cuerda.»

Hasta aquí el P. TOSCA. Valga lo dicho como ejemplo de lo peligroso que es en las ciencias la *extrapolación*, es decir, extender observaciones que se han hehco en intervalos reducidos de tiempo o espacio, a extremos que caen muy lejos del intervalo observado. Aunque hay ciencias, como la Astrofísica y la Geología, en las que las extrapolaciones son inevitables.

Es muy sabido que la Música era parte de las Matemáticas en la educación académica hasta el siglo XVIII. Esto nos mueve a completar lo antedicho con dos aparentes paradojas que TOSCA expone a continuación de lo antes trasladado.

«*Posible es un duo, que una sola voz le cante.*

Parece paradoja y no tiene dificultad. Compóngase un duo de suerte que las voces vayan en fuga perfecta, repitiendo la una lo mismo que la otra; y espera la segunda a la primera medio compás, o un compás, según pareciera mejor. Váyase el Cantor a un lugar donde se forme un eco bueno y claro, y cuide ajustar el compás a la tardanza del eco en responder, de suerte que la espera que hay al principio, venga justa a lo que el eco tarda en devolver la voz; y se seguirá que cantando la primera voz el Músico responderá el eco, cuando el mismo entonará la segunda; y el eco la segunda cuando el Músico la tercera; y como la voz del eco sea la misma del Músico que vuelve por reflexión, se verifica que una sola voz canta las dos que componen el dúo.»

Posible es que un sordo ajuste perfectamente un instrumento músico a otro.

Supongamos que una guitarra se ha de ajustar a otra que esté ya bien templada. Digo, que un sordo la puede ajustar de esta manera. Tome una pajuela leve y doblándola, póngala sobre la primera cuerda de la guitarra templada, de suerte que no toque cosa alguna, sí sólo en la cuerda. Después de esto taña en la guitarra que pretenda ajustar la cuerda correspondiente, subiéndola o bajándola, hasta que se mueve y tiembla la pajuela, la cual no se moverá hasta que la una y la otra cuerda estén ajustadas; haga lo mismo en las demás cuerdas, y quedarán todas ajustadas como las de la otra guitarra, y por consiguiente entre sí. Y como para esto solamente se necesita de la vista, podrá muy bien el sordo acordar ambos instrumentos.»

Capítulo 14

Los cuadrados mágicos

La teoría de los cuadrados mágicos no figura como capítulo específico de ninguna Aritmética, aunque veremos que muy importantes matemáticos les han dedicado muchas horas de atención y han publicado memorias, y aun libros, sobre este nada fácil tema. La razón es que siempre se ha sabido que se trataba de un juego:

> «Lo que comenzó en una vana práctica de adivinos y hacedores de amuletos, ha venido a ser luego el objeto de una investigación seria para los matemáticos, sin que éstos hayan creído nunca que les pueda llevar a nada utilizable y firme. Los cuadrados mágicos parten siempre, desde su origen, de este aserto: no pueden ser de ninguna utilidad. Son sólo un juego en cuya dificultad está el mérito. A lo más, podrán despertar alguna idea nueva acerca de los números, ocasión que los matemáticos no quisieran perderse.»
>
> (Histoire de l'Academie des Sciences pour l'anné 1705. Paris, 1706, pág. 60)

Efectivamente es así. Las observaciones y resultados que se refieren a los cuadrados mágicos son algo cerrado en sí, no influyente y apenas influido por ningún otro capítulo de la Teoría de los números. Pero es un juego conocido desde que hubo Aritmética, cuya moda fue culminante en el siglo XVII, y que moderada luego, nunca desapareció del todo.

Definiciones

Llamaremos *cuadrado de orden n* a un cuadrado dividido en casillas (como el tablero de ajedrez) con n casillas en cada línea horizontal (filas) y n en cada línea vertical (columnas), en las que se distribuyen los números enteros sucesivos desde 1 hasta n^2. El cuadrado se dirá *natural,* cuando los números se dispongan en el orden natural, creciente por líneas horizontales desde el 1 (casilla inferior izquierda) hasta el n^2 (casilla superior derecha), como se ve en la siguiente figura 1. El cuadrado se dice *mágico* cuando la suma de los números en cada línea horizontal o vertical y la suma de los números en las diagonales es la misma. Esta suma es llamada *número mágico* del cuadrado. Se indicará por S_n.

7	8	9
4	5	6
1	2	3

Cuadrado natural

6	1	8
7	5	3
2	9	4

Cuadrado mágico

$S_3 = 15$

Figura 1.

Nota. La suma de los números desde 1 hasta n^2 es $\frac{1}{2}n^2(n^2 + 1)$, luego, la suma de los de cada línea, o número mágico, es

$$S_n = \tfrac{1}{2}n(n^2 + 1).$$

Un poco de historia

El más antiguo cuadrado mágico conocido se encuentra en la tabla *Lo-chou* china (varios siglos a. de C.), y es como sigue (obsérvese la distinción entre los números pares y los impares):

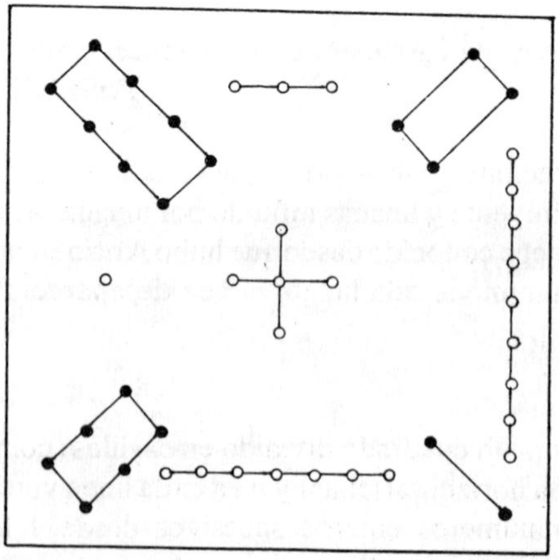

8	3	4
1	5	9
6	7	2

Figura 2.

Los antiguos matemáticos indios sabían construir cuadrados mágicos, aunque sus métodos se han perdido. Se despierta un gran interés por estos cuadrados en los últimos tiempos de la matemática griega continental, antes de la caída de Constantinopla en poder de los turcos. Es el bizantino E. MOSCOPULO quien los introduce en Europa hacia 1420.

El cuadro mágico más universalmente conocido (en particular en la Historia del Arte) es el siguiente, que algunos dicen fue descubierto por A. DURERO, y que en todo caso lleva su nombre, porque este genial artista lo estampa en su impresionante grabado titulado *Melancolía:*

16	3	2	13
5	10	11	8
9	6	7	12
4	15	14	1

Figura 3.

(En la fila inferior se lee el año en que se hizo el grabado:1514.)

Diego PALOMINO, natural de Jaén, publica en Madrid, en 1599, *Fragmentum quodam ex libro de inventionibus scientarum,* opúsculo de 50 folios, donde, entre otras cosas, da a conocer uno de orden 16, que atribuye a STIFEL (1486-1567). Y a partir del siglo XVII, como veremos, son matemáticos de la mayor importancia los que se interesan vivamente en este difícil juego.

Sobre el número de cuadrados posibles

Un cuadrado de orden 3 tiene 9 casillas. ¿De cuántas maneras pueden colocarse en él los números de 1 a 9? La respuesta es fácil, viene dada por el producto

$$9! = 1 \times 2 \times 3 \times 4 \times 5 \times 6 \times 7 \times 8 \times 9 = 362.580.$$

Tal es el número de los cuadrados de orden 3. Preguntamos ahora cuántos de estos cuadrados son mágicos. La respuesta es que sólo lo son 8 (en realidad sólo es uno, presentado de 8 maneras, como explicaremos en el apartado siguiente).

Pasemos a los cuadrados de orden 4. Aquí tenemos 16 números a colocar, y esto puede hacerse de «bastantes» maneras, concretamente,

$$16! = 1 \times 2 \times 3 \times \ldots \text{ hasta} \times 15 \times 16,$$

lo cual da un número de 14 cifras. Para dar idea de este número diremos que si para llenar un cuadrado se emplease un minuto, para llenarlo de todos los modos posibles se necesitarían unos 40 millones de años. (Los signos de admiración al cuidado del lector.) ¿Cuántos de estos cuadros son mágicos?

El matemático y académico B. FRENICLE DE BESSY presentó a la Academie Sc. de Paris, en 1676, la respuesta, dando la tabla de los 880 cuadrados mágicos de orden 4. Esta tabla fue publicada por LA HIRE (1640-1718) en 1693. Escrita cada cuadrado de las ocho maneras posibles, resulta un total de 7040 cuadrados mágicos, número insignificante entre los cuadrados posibles.

Sobre el número de cuadrados mágicos posibles de orden superior a 4, no tenemos idea ni aproximada. Pero basta lo dicho para comprender que es prácticamente imposible conseguir uno por tanteos al azar entre la multitud de cuadrados posibles. Lo que sí se sabe es que hay cuadrados mágicos de cualquier orden y reglas para construir algunos de ellos, no todos.

El grupo del cuadrado

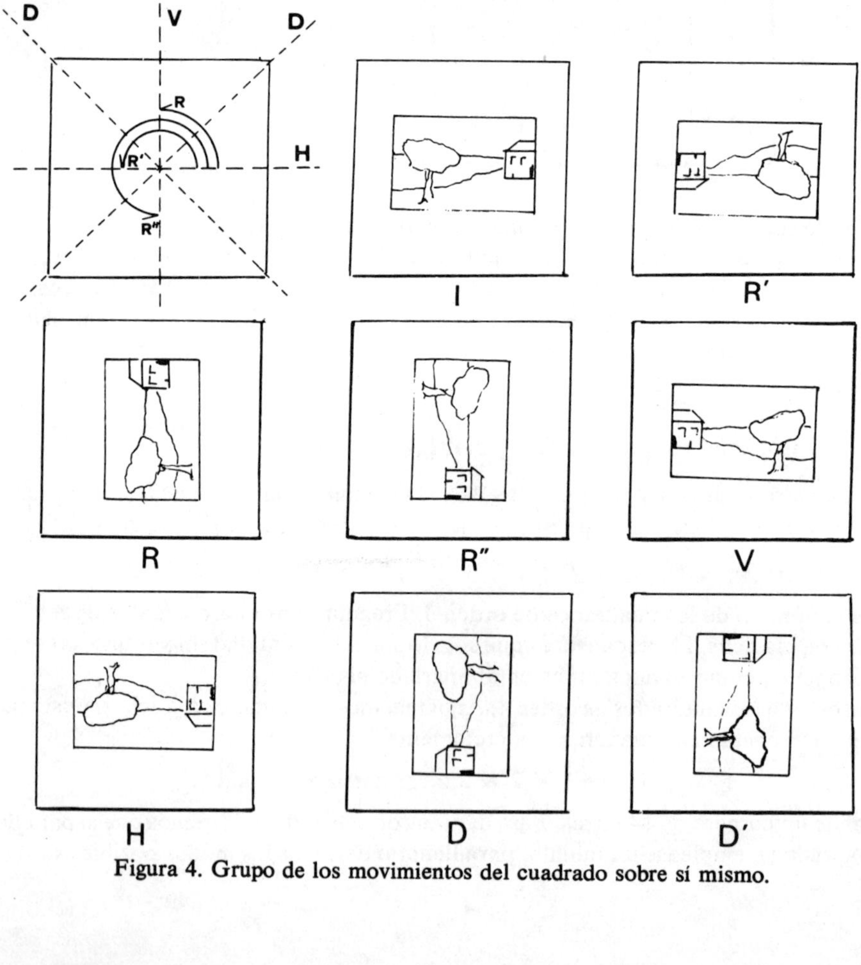

Figura 4. Grupo de los movimientos del cuadrado sobre sí mismo.

Ya hemos anunciado que un cuadrado mágico se puede presentar de 8 maneras distintas. Esto se corresponde exactamente con lo que ocurre al proyectar una diapositiva de marco cuadrado, pues como es sabido puede introducirse en el proyector de ocho maneras distintas:

Por consiguiente un cuadrado puede presentarse de ocho maneras, como son, para el de orden tres, las siguientes:

Asimismo, un cuadrado mágico (I) continúa siendo mágico si se hace en él alguna de estas transformaciones:

Giros con centro en el del cuadrado y amplitud de un recto (R), dos rectos (R') o tres rectos (R'').

Simetrías respecto a las líneas medias horizontal (H), o vertical (V) y a las diagonales (D) y (D').

4	3	8
9	5	1
2	7	6

I

2	9	4
7	5	3
6	1	8

R''

6	7	2
1	5	9
8	3	4

R'

8	1	6
3	5	7
4	9	2

R

2	7	6
9	5	1
4	3	8

H

8	3	4
1	5	9
6	7	2

V

4	9	2
3	5	7
8	1	6

D

6	1	8
7	5	3
2	9	4

D'

Figura 5.

Cualquier estudiante actual ve de inmediato que estas transformaciones forman grupo, pues si se hace una cualquiera de ellas seguida de otra, el producto de ambas es también una de las dichas. Pero en el siglo XVII la hoy importantísima noción de *grupo* era todavía desconocida.

Algunos métodos para obtener cuadrados mágicos

El método de la terraza. El traductor y comentador de DIOFANTO, C. G. BACHET DE MEZIRIAC, es autor de una obra de Matemática recreativa (1612) en que también toca el tema de los cuadrados mágicos. Para construir un cuadrado de *orden impar* se puede hacer lo siguiente: Colocando hacia el exterior del cuadrado propuesto, filas de casillas con una menos por cada lado, hasta terminar en una sola casilla, se habrá formado una especie de terraza, que es un cuadrado grande que incluye al original en su interior. En las oblicuas de esta terraza se escriben los números sucesivos de 1 a n^2 (n en cada fila). De estos números los que caen en el interior del cuadrado primitivo se dejan en la casilla. Los que caen fuera se desplazan n lugares, horizontal o verticalmente, para ocupar una casilla vacante. De este modo el cuadrado primitivo deviene un cuadrado mágico. Sigue el ejemplo para un cuadrado de orden 5:

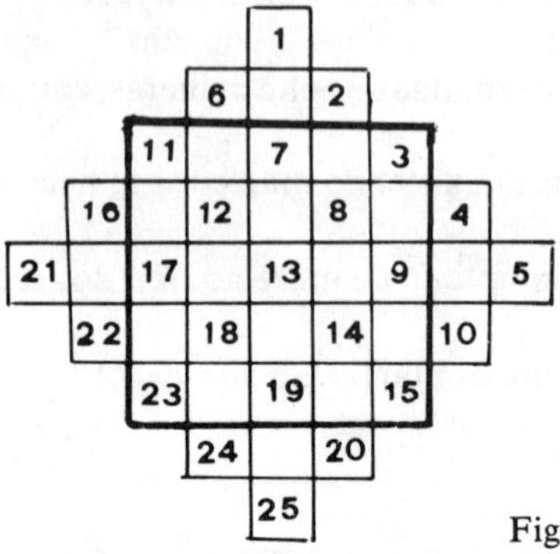

11	24	7	20	3
4	12	25	8	16
17	5	13	21	9
10	18	1	14	22
23	6	19	22	15

Figura 6.

Método de la orla. Permite pasar del cuadrado de orden n al de orden $n + 2$ con algunos tanteos, cómodos si n no es muy grande. Dado el cuadro mágico de orden n se orla con una fila más de casillas por cada lado, para tener un casillero de orden $n + 2$. Los números del cuadrado primitivo se incrementan todos en $2n + 2$ y los números que no figuran en este cuadrado, esto es, desde 1 a $2n + 2$, y desde $n^2 + 2n + 3$ hasta $(n + 2)^2$ se distribuyen por los cuadros de la orla de modo conveniente para que la suma de estas líneas dé el número mágico. Esto puede hacerse de varias maneras con tanteos no muy difíciles si n no es muy grande. Por ejemplo, con $n = 4$, orlando y aumentando cada elemento en 10, tenemos preparado un cuadro de orden 6:

13	3	2	16
8	10	11	5
12	6	7	9
1	15	14	4

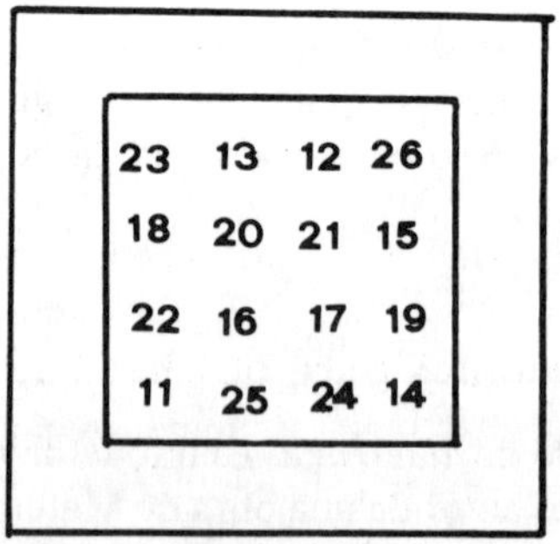

$S_6 = 111$

Figura 7.

Ahora es preciso colocar en los cuadros vacíos los números que faltan, es decir,

1,	2,	3,	4,	5,	6,	7,	8,	9,	10,
36,	35,	34,	33,	32,	31,	30,	29,	28,	27,

(presentados a pares de suma constante), y esto debe hacerse de modo que la suma de cada línea sea el número mágico $S_6 = 111$. Dejamos en blanco estas casillas para que el lector intente llenarlas por sí mismo. (Por si abandona la empresa le damos una de las soluciones posibles: Columna izquierda: 1, 29, 30, 6, 10, 35. Columna derecha: 2, 8, 7, 31, 27, 36. Fila superior: 1, 34, 33, 32, 9, 2. Fila inferior: 35, 3, 4, 5, 28, 36.)

El ingeniero ruso FROLOW, que ha publicado interesantes libros sobre este tema (hacia fines del pasado siglo), encontró que de los 8 cuadrado mágicos de orden 3 podían deducirse, por este método de orlado, 2880 cuadrados mágicos de orden 5.

Este método se debe a FRENICLE y también lo conocía su amigo P. de FERMAT, genio de la Aritmética. Entre los papeles de este último Ed. LUCAS encontró (hacia 1890) el borrador de un cuadrado orlado hasta el orden 22, que publicó en su colección de *Récreations Mathematiques* (Tomo 4. Ed. 1960).

El método de G. ARNOUX. El autor de este original método, marino y filósofo, pero no matemático, lo encontró «por el método experimental en toda su pureza, operando sobre las cosas mismas, nunca sobre sus símbolos». Pero, llegado a cierto punto la colaboración de un matemático se hizo indispensable, y éste fue M. LAISANT, con cuya ayuda redactó ARNOUX su *Arithmétique Graphique.* con la teoría matemática de su método, fundamentada en las congruencias. (En París, 1894.) Desarrollaremos su aplicación en un caso particular con $n = 7$.

Para este fin dibujaremos el cuadrado, numerando sus casillas en el orden natural (ver la fig. 8). Lo orlaremos de otros cuadros análogos (no es necesario todavía ponerles nú-

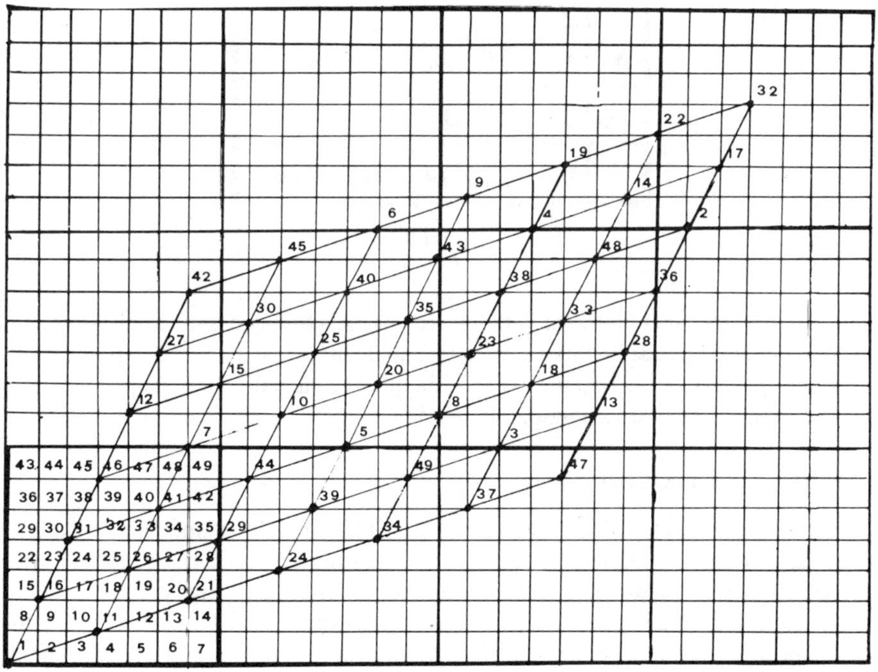

Figura 8.

meros), a la derecha y hacia arriba. El dibujo que vamos a realizar indicará por sí mismo cuántos cuadrados de estos vamos a necesitar.

Hecho esto, asignaremos al *vértice* inferior izquierdo de cada casilla el mismo número que a esa casilla corresponde. Estos mismos números se imaginan desplazados a los cuadrados con que orlamos el de partida. Unamos ahora el vértice 1 con el 11 y prolonguemos esta recta hasta que pase en total por 7 vértices de la cuadrícula o de sus prolongaciones (en el dibujo pasa por los vértices 1, 11, 21, 24, 34, 37, 47). Hagamos lo mismo con la recta que une los vértices 1 y 16 (y que contiene los puntos 1, 16, 31, 46, 12, 27 y 42). Estas dos rectas son los lados de un paralelogramo, al que se reticulará desde los vértices nombrados. Los nudos de este retículo son vértices cuyos números constituyen un cuadrado mágico, sin más que transportar a la forma cuadrada al paralelogramo obtenido (fig. 9).

42	45	6	9	19	22	32
27	30	40	43	4	14	17
12	15	25	35	38	48	2
46	7	10	20	23	33	36
31	41	44	5	8	18	28
16	26	29	39	49	3	13
1	11	21	24	34	37	47

Figura 9.

Es posible elegir otras direcciones convenientes para proporcionar cuadrados mágicos distintos. El método puede llevarse a un cuadrado de lado *n*, si los factores primos de *n* no son menores que 5. Es muy notable el hecho de que el cuadrado obtenido por este método no sólo es mágico, sino hipermágico, de los que pasamos a dar breve noticia.

Cuadrados hipermágicos

El insigne matemático suizo Leonhard EULER (1707-1783) ha sido llamado MIDAS de la matemática, porque a semejanza de ese mítico personaje trocaba en oro cuanto tocaban sus manos. EULER se ocupó de cuadrados mágicos en varias memorias y, entre otras cosas, se le debe el descubrimiento de los hipermágicos (o panmágicos). Éstos son los que tienen la propiedad de que, además de ser mágicos, también la suma de los elementos situados sobre dos líneas complementarias es igual al número mágico. Líneas complementarias son dos paralelas a la misma diagonal, una a cada lado, que tienen entre ambas n números (n es el orden del cuadrado). Por ejemplo, en el cuadrado de la figura anterior es

$$[19 + 14 + 2] + [46 + 41 + 29 + 24] = 175$$
$$[13 + 37] + [19 + 43 + 25 + 7 + 31] = 175.$$

La teoría de los cuadrados mágicos puede generalizarse y complicarse, y en esto no ha sido corta la fantasía de los aritméticos. Pero basta lo dicho para presentación de esta sugestiva y poco conocida parcela de la Teoría de los Números.

Un cuadrado casi mágico en el juego de los quince

El *juego de los 15* consiste en un cuadriculado de 16 casillas (cuatro por cada lado), que van ocupadas por sendas fichas numeradas del 1 al 15, con lo que queda una casilla vacía. Las fichas pueden moverse haciendo que el lugar vacío sea ocupado por cualquiera de as fichas que le son adyacentes. En el juego se trata de partir de una situación inicial de las fichas para llegar a otra situación pedida.

Tomemos como situación inicial de partida el orden natural creciente, como indica la siguiente figura

1	2	3	4
5	6	7	8
9	10	11	12
13	14	15	

El inventor de este juego fue Sam Lloyd, a finales del pasado siglo. Entre los problemas que este autor propuso (a menudo con premios en metálico para las mejores soluciones) está el siguiente: *Disponer las fichas de tal modo que la suma de los números en cada fila horizontal y en cada vertical sea la misma.*

La primera parte del problema es mejor resolverla con lápiz y papel, haciendo los tanteos necesarios para encontrar una disposición de cuadro casi mágico que se nos pide.

Como los número de 1 a 15 suman 120, la suma de los de cada fila debe ser 30. Una solución adecuada es la siguiente:

13	1	6	10
14	2	5	9
3	12	8	7
	15	11	4

Vamos a dar las indicaciones suficientes para que el lector pueda pasar de la disposición de partida a la de la solución. Pero no daremos la totalidad de los movimientos, porque entonces el juego perdería todo interés para él.

En primer lugar intentaremos formar la columna de la derecha,

10
9
7
4

Esto puede lograrse moviendo en su orden las fichas de la siguiente sucesión:

12, 8, 4, 3, 2, 6, 10, 9, 13, 14, 15, 12,
8, 4, 7, 10, 9, 11, 12, 8, 4, 7, 10, 9,
6, 2, 3, 10, 9.

Con esto, las fichas de tal columna última no vuelven a tocarse. Debemos ahora poner en orden la primera fila

13 1 6 10

Aunque esto es más fácil que lo anterior, todavía puede ser complicado para los principiantes, por lo que también daremos una serie adecuada de movimientos a realizar

6, 5, 1, 2, 3, 6, 5, 3, 2, 1, 13,
11, 3, 2, 1, 13.

Sin tocar más fichas de esta primera fila, ni las de la antedicha última columna, procederemos a mover las restantes, hasta disponer su primera fila en la disposición definitiva

14 2 5

y finalmente, sin mover tampoco éstas, se disponen las restantes en la forma

3	12	8
	15	11

con lo que habremos finalizado el problema propuesto. (La solución no es única. Tal vez las haya mejores.)

El estudio matemático de las posibilidades del juego de los quince, puede verse en las páginas 153 y siguientes.

Soluciones y comentarios

Los guardianes de las naranjas *(De pág. 4.)*

El método para resolver problemas de este tipo es el de hacer el camino inverso. Pues que salió con 2, al tercer guardián llegó con cinco naranjas. Por esto, al segundo guardián llegó con 11 naranjas. Y si del primero salió con 11, quiere decir que llegó a él con 23 naranjas, que es la cantidad que nos preguntan.

Problema del ilticá *(De pág. 4.)*

El primero llevaba 24 limones y el segundo llevaba treinta.

El codicioso castigado *(De pág. 5.)*

Para resolver este problema lo más sencillo es hacer en sentido inverso el camino del aldeano. Había empezado con 28 monedas.

Es interesante hacer notar que los datos de este problema no pueden darse sin alguna precaución. Por ejemplo, fijado el pago en 32 monedas, el número de veces que se pasa el puente sólo puede ser uno de estos cinco:

1, 2, 3, 4, 5.

De acuerdo con ellos, el número inicial de monedas es

16, 24, 28, 30, 31.

El lector dispone así de algunas variantes al enunciado. Y si quisiera alterar la tarifa puesta por el diablo, puede, en vez de 32, exigir cada vez el pago de

2, 4, 8, 16, 32, etc. monedas,

porque con otras cantidades no le saldrá limpio el juego.

Economías para una cadena rota *(De pág. 10.)*

El herrero pensó abrir el eslabón al extremo de cada fragmento, lo que suponía un precio de $30 \times 9 = 270$ pts.

El padre dijo: Si se abren todos los eslabones del trozo de ocho, y se emplean para unir los otros trozos, bastará pagar 30 · 8 = 240 pts. Y el hijo comentó: Si abre los eslabones de los trozos de tres y cuatro, puede unir los otros siete trozos restantes por sólo 210 pts.

Pago exacto y puntual *(De pág. 11.)*

Las piezas son de uno, dos, cuatro, ocho y quince denarios de valor. El primer día dio la pieza que valía un denario. El segundo día dio la pieza de dos denarios y cobró de vuelta la que había dado de uno. Y así en los demás días: dando una pieza o piezas, y devolviéndole la patrona otra u otras, se llega al fin de los treinta días pagándose cada día el número exacto de denarios debidos.

En efecto, indicando con 1 la moneda que tiene la patrona, y con 0 la moneda que tiene el hombre, la situación diaria se puede expresar como sigue:

Valor de la moneda	15	8	4	2	1
Día 1.º	0	0	0	0	1
Día 2.º	0	0	0	1	0
Día 3.º	0	0	0	1	1
......					
......					
Día 16.º	1	0	0	0	1
Día 17.º	1	0	0	1	0
......					
......					
Día 29.º	1	1	1	1	0
Día 30.º	1	1	1	1	1

Este cuadro hace evidente que el estado contable en cualquier día puede deducirse de la expresión binaria (es decir, en base dos) del número correspondiente.

Volatería *(De pág. 11)*

5 capones, 3 gallinas, 28 mirlos.

Negocio para tres *(De pág. 12)*

78 reales, 42 reales y 24 reales.

Amor por amor se acrece *(De pág. 13.)*

$$9376 \times 9376 = 87909376$$

Multiplicación forzada *(De pág. 14.)*

La única forma de asociar los factores primos del resultado para que den dos factores de tres cifras, es como sigue:

$$3 \times 191 = 573 \qquad 3 \times 7 \times 17 = 357$$

El producto propuesto es, pues, uno de los dos siguientes:

$$\begin{array}{r} 573 \\ 357 \\ \hline 4011 \\ 2865 \\ 1719 \\ \hline 204561 \end{array} \qquad \begin{array}{r} 357 \\ 573 \\ \hline 1071 \\ 2499 \\ 1785 \\ \hline 204561 \end{array}$$

Pero como en el producto de la derecha no se ha escrito la cifra 6, es el primer producto el que corresponde a la cuestión.

Error mecanográfico *(De pág. 14.)*

$$2^5 \cdot 9^2 = 2592$$

Ejercicios de prestirritmia *(De pág. 15.)*

La explicación de lo que ocurre es como sigue. Sea

$$abc$$

el número de tres cifras dado, y sean a', b', c', los complementarios de a, b, c, hasta la cifra k:

$$a' = k - a; \qquad b' = k - b; \qquad c' = k - c.$$

El número de 6 cifras que hemos escrito es

$$a'b'c'abc = 10^5a' + 10^4b' + 10^3c' + 10^2a + 10b + c$$

esto es

$$111000k - 10^3 \times abc - abc = 111000k - 999 \times abc$$

que es múltiplo de 37.

Obsérvese que si complementamos a 9, ($k = 9$), el número que resulta es también divisible por 27. Esta observación es útil para dar variedad al juego si tuviésemos que repetirlo.

Elección aparente *(De pág. 23.)*

Cualquiera que sea el número elegido por el oyente, la carta que se le muestra es la que tenía el número de orden 10 cuando al iniciarse el juego las contamos a cara vista.

Reparto de media baraja *(De pág. 24.)*

Demostración. Sean x e $y = 20 - x$ el número de cartas es cada montón. Calculamos

$$\frac{420 - (2x + 20y)}{19} = \frac{420 - (2x + 400 - 20x)}{19} =$$

$$= \frac{20 + 18x}{19} = x + \frac{20 - x}{19}$$

como afirma el enunciado.

Puntería y aritmética *(De pág. 27.)*

Si el lector tiene algunas nociones sobre las ecuaciones diofánticas de primer grado, puede proceder sistemáticamente a la investigación. Si no, tampoco es difícil, con un poco de paciencia en los tanteos, obtener la única solución posible. Juan tiró dos dardos al punto 16 y 4 dardos al punto 17. Total, 100 puntos.

Juego en familia *(De pág. 28.)*

Supongamos que un padre dispara x tiros y que su hijo ha disparado α tiros. Se tiene entonces,

$$x^2 - \alpha^2 = 45 \qquad (x - \alpha)(x + \alpha) = 45$$

Combinaciones de factores posibles:

$$x + \alpha = \begin{cases} 45 \\ 15 \\ 9 \end{cases} \quad con\ x - \alpha = \begin{cases} 1 \\ 3 \\ 5 \end{cases}$$

De donde, fácilmente,

Yo: 9 tiros	Mi hijo, José: 6 tiros
Juan: 23 tiros	Su hijo, Julio: 22 tiros
Pablo: 7 tiros	Su hijo, Luis: 2 tiros

Se tiraron 39 tiros y se marcaron 1183 puntos.

Suma de puntos con tres dados *(De pág. 28.)*

El fundamento del juego es sencillísimo. Basta saber que la suma de puntos en dos caras opuestas de un dado es siempre siete. Así, los tres dados que se han levantado aportan 21 puntos a la suma.

Las diez fichas *(De pág. 31.)*

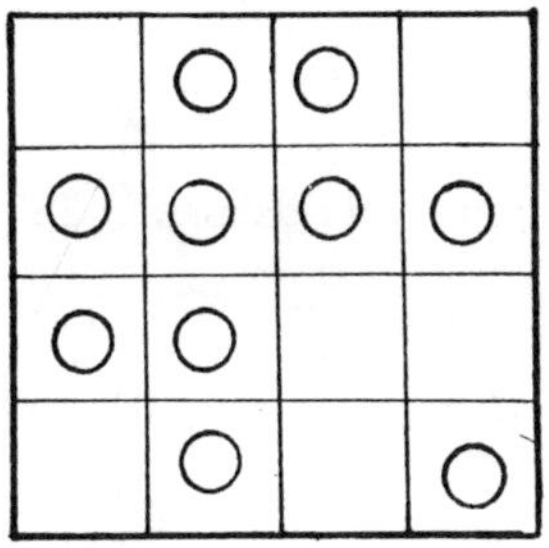

Escala de estaturas *(De pág. 31.)*

Pedro es más alto que Juan y que Antonio y estos dos tienen igual estatura, pues les falta lo mismo para llegar a la de Pedro.

Juego con «chispa» *(De pág. 32.)*

El juego consiste en que al dejar las monedas sobre la mesa, averigües de una mirada si el número de monedas que quedan mostrando cara es par o impar. Cada vez que se dice «chispa» esta paridad cambia. Por tanto, hay que contar el número de veces que se ha dicho «chispa»; porque si este número es par, la paridad final ha sido la misma que al comenzar, y al contrario si ha sido impar. Con este dato sabes inmediatamente si la moneda que ves tapada es cara o cruz.

Una ligera variante. Si se tapan dos monedas puedes del mismo modo decidir si muestran lado distinto (una cara y una cruz), o si las dos están del mismo lado (en cuyo caso no se puede asegurar si es cara o si es cruz).

Cuestión de horario *(De pág. 32.)*

Basta imaginar al final de cada jornada un Juan-fantasma que baja al molino y un Juan-fantasma que sube a la casa, ambos con su reloj-fantasma y haciendo cada uno su camino, exactamente lo mismo que los hizo el correspondiente Juan real. Si ambos fantasmas empiezan su trayecto al mismo tiempo, marcando el reloj las seis, es claro que en algún punto del camino han de cruzarse el fantasma que va con el que viene. En ese punto los dos relojes marcan, naturalmente la misma hora.

Problemilla con moraleja *(De pág. 32.)*

Se cruzará *con todos los otros* barcos de la compañía, esto es, con quince barcos.

Las tapas desordenadas *(De pág. 33.)*

Elegiremos sacar una bola de la caja *B N*. Si sale negra son negras las dos que contiene. Las dos blancas estarán en la caja *N N*; y la caja *B B* contendrá una bola de cada color. Si sale blanca, en *B N* están las dos blancas, en *B B* las dos negras y en *N N* una de cada color.

Adivino improvisado *(De pág. 35.)*

El director ha escrito a y lo da a guardar al colaborador. El colaborador ha escrito b. Las operaciones hechas son las que siguen:

$$b - [b + (99 - a) - 100 + 1] = a.$$

Caramelos imaginarios *(De pág. 35.)*

Si a es el número de caramelos que el niño imagina en su mano, las operaciones hechas se resumen en la fórmula

$$a + a + 6 - \tfrac{1}{2}(a + a + 6) - a = 3.$$

Compra segura *(De pág. 36.)*

El número de unidades compradas es el cociente del número de los reales (unidad inferior) contenidas en el duro (unidad superior), por el número de reales que se indiquen en el paso 2.º (en este caso 5). Así, 20 : 5 = 4.

Una frase con su cuenta y razón *(De pág. 39.)*

Veamos ahora la cuenta y razón que lleva a la regla enunciada. El jugador que tomó la pieza A recibe a anises, el que tomó la pieza B recibe b anises, y el que se quedó con C recibe c anises. Estos a, b, c, son los números 1, 2, 3, aunque no sabemos en qué orden. Quedan pues, 18 anises en el montón. Según las reglas de juego, de éstos retiran los jugadores

$$a + 2b + 4c$$

anises. Como *a, b, c,* han de sustituirse por 1, 2, 3, de todos los modos posibles, hay seis posibilidades

a	b	c	$a + 2b + 4c$	Quedan
1	2	3	17	1
1	3	2	15	3
2	1	3	16	2
2	3	1	12	6
3	1	2	13	5
3	2	1	11	7

Este resultado se recuerda fácilmente con la ingeniosa regla mnemotécnica que se ha explicado.

El teléfono del profesor *(De pág. 47.)*

Los únicos números cubos de tres cifras son

125 216, 512 y 729,

todos con la cifra 2. Los cuadrados de tres cifras sin la cifra 2 son

169, 196, 361, 576, 784, 841 y 961.

Los únicos números que cumplen las condiciones hasta la cuarta son seis, de los que debemos excluir

784 216 y 784 961;

porque no cumplen la quinta condición, así que quedan solamente

361 729, 576 125, 784 125 y 841 729.

Pero sólo uno de estos números es divisible por 3, a saber

784 125

y tal es el número del teléfono que se buscaba.

Nota. Ninguno de los dos números que se han excluido primero es divisible por 3. Por consiguiente, la condición quinta es superflua.

Por el hilo se saca el ovillo *(De pág. 48.)*

Si de 11 restamos la última cifra de la diferencia nos resulta el número de cifras que tiene el numero inicial, esto es, el número de cifras del minuendo y el sustraendo de la resta efectuada. Así, en el ejemplo puesto es

$11 - 7 = 4$; número de cuatro cifras.

Esto sabido, *la resta da un resultado fijo cualesquiera sean las cifras consecutivas elegidas,* y este resultado es de cálculo inmediato:

$$\begin{array}{r}21\\ \underline{12}\\ 9\end{array}\qquad \begin{array}{r}321\\ \underline{123}\\ 198\end{array}\qquad \begin{array}{r}4321\\ \underline{1234}\\ 3087\end{array}\qquad \begin{array}{r}54321\\ \underline{12345}\\ 41976\end{array}\qquad \begin{array}{r}654321\\ \underline{123456}\\ 530865\end{array}$$

$$\begin{array}{r}7654321\\ \underline{1234567}\\ 6419754\end{array}\qquad \begin{array}{r}87654321\\ \underline{12345678}\\ 75308643\end{array}\qquad \begin{array}{r}987654321\\ \underline{123456789}\\ 864197532\end{array}$$

Dominó recontado *(De pág. 48.)*

El número de fichas en C más uno, se multiplica por 13. De este producto se restan el número de fichas con que comenzamos el juego en A, y el número de fichas que actualmente haya en A. El resultado son los puntos que tienen las fichas en C.

$$13(C + 1) - N - A$$

Demostración. El juego comienza con un montón de N fichas. Supongamos que al término del juego hay p fichas en C. Sean $a_1, a_2, ..., a_{p-1}, a_p$, los puntos que marcan, en ese orden, las p fichas sacadas. En el momento anterior a sacar la última de éstas, el número de fichas extraídas del montón A ha sido, sucesivamente,

$$12, \quad 1, \quad 13\text{-}a_1, \quad ..., \quad 13\text{-}a_{p-1},$$

con lo que en el montón primitivo restarán todavía r fichas, y por tanto es

$$N = 12 + 1 + (13\text{-}a_1) + ... + (13\text{-}a_{p-1}) + r =$$
$$= 13p + r - (a_1 + a_2 + ... + a_{p-1}).$$

Después de la jugada que lleva a C la última ficha (con a_p puntos), el número de fichas que vuelven de B a A es

$$q = (13\text{-}a_p) - r.$$

Sumando esta igualdad con la anterior resulta fácilmente

$$a_1 + a_2 + ... + a_p = 13(p + 1) - N - q$$

conforme con la regla enunciada.

Observación. Como N puede ser cualquiera, resulta de los demostrado que el juego vale con un dominó incompleto, o con un dominó aumentado con cualquier número de fichas de otro. Y también, naturalmente, que el dominó puede sustituirse por una baraja de naipes, completa o no.

Cuestión de medir y pesar *(De pág. 49.)*

Bastará dividir la barra en segmentos de longitudes

2, 6, 18 y 54

centímetros. El peso de estos trozos será entonces

1, 3, 9 y 27

libras. Colocándolos convenientemente en los platillos de su balanza puede medir cualquier peso de un número entero de libras. Por ejemplo: 23 libras se pesan poniendo 27 en un platillo y 1 con 3 en el otro.

Aritméticamente esta cuestión equivale a escribir los números en el sistema de base tres con las cifras 1 y −1.

Problemas notables de un viejo libro *(De pág. 53.)*

1. La hija 600 ducados; la madre 1200 d. (doble que la hija); el hijo 2400 d. (doble que la madre).
2. La hacienda de 9000 ducados, repartida entre los 5 hijos, da 1800 ducados para cada uno.
3. Este cerco cerraría doce cuarteras.
4. Tardarían 5 meses.
5. El quintal de lana fue estimado en 204 reales.

Segunda parte

Relatos anecdóticos e históricos

Capítulo 15

La paradoja del montón de trigo

«No permite la Naturaleza conocer los límites de las cosas...»

Cicerón, Acad. II, 29.

La cuestión que vamos a plantear puede parecer en primera impresión una simple «pega» para una plática ociosa. Tal vez parezca, además, que se trata de una simple cuestión de lenguaje donde las Matemáticas no tienen nada que decidir. Ni una ni otra cosa son así. La cuestión presenta muchas variantes de interés social, y desde luego admite un tratamiento matemático, concretamente, de probabilidades. (Esto último puede confirmarse en E. BOREL, *El azar.*)

La paradoja consiste en que parece evidente que todos sabemos lo que es un montón de trigo, y, por un sencillo razonamiento, parece demostrarse que no lo sabe nadie.

Cualquiera sabe que un grano de trigo no es montón, como dos o tres granos tampoco lo son. Un millón de granos sí, lo aceptamos todos como un montón de trigo, naturalmente. Si tenemos la paciencia de ir subiendo el número de granos de uno en uno, desde dos, tres, cuatro, ... hasta el millón, ¿podrá alguien decir, por ejemplo, que 299 granos no son un montón, pero que 300 granos sí lo son? Esto resultaría absurdo, desde luego. Por tanto, no es cierto que alguien sepa ciertamente lo que es un montón de trigo.

En la vida civil pueden presentarse circunstancias en las que, análogamente al caso del montón de trigo, decir si algo es, o no es, puede presentar la misma dificultad, y sin embargo, decir sí o decir no, traiga consecuencias importantes.

La intervención de las matemáticas en la dificultad expuesta, viene traída por un recurso relativamente moderno, que es, precisamente, el Cálculo de Propabilidades. Imaginemos como paso inicial esta experiencia. En una aldea de 800 habitantes juntamos 300 granos de trigo. Preguntamos luego a 100 personas de la aldea, tomadas al azar, si juzgan que aquello es un montón de trigo o no lo es. Si, por ejemplo, 57 personas han respondido que sí, y 43 han dicho que no, la respuesta a la cuestión planteada por el sofista no debe ser ni sí, ni no. La respuesta será que en aquella aldea nuestro montoncito de trigo tiene una probabilidad 0,57 de ser un montón de trigo, y un 0,43 de no serlo.

Se han omitido algunos «detalles» necesarios para una correcta valoración de la respuesta. Por ejemplo, si los 100 consultados lo son en una ciudad de 8.000 habitantes, estos porcentajes son menos significativos que cuando lo sean en una villa de 800. Por otra parte, el que los consultados estén «convenientemente elegidos» para que se les pueda decir tomados al azar, es cuestión que también requiere una técnica adecuada. En resumen, el Cálculo de Probabilidades y la Estadística Matemática enseñan a fijar los parámetros numéricos que hacen utilizable la respuesta.

Decíamos que la vida real ofrece situaciones en las que un valor de probabilidad es la respuesta correcta y, sin embargo, se exige la decisión dicotómica del sí o el no.

Un delito cometido a partir de las 7 de la tarde tiene, supongamos, la agravante de nocturnidad. Naturalmente, el realizado a las 5 de la tarde no la tiene, y si se realiza a las 9 de la noche, sí. Pero ¿qué ocurre si se consulta a cien testigos de un delito cometido «hacia las 7 de la tarde»?

Supongamos también que un recluta es enviado a Servicios Auxiliares si su talla es inferior a 1,60 m y declarado útil total si alcanza esa altura. También aquí nos encontramos con que los reclutas que miden 1,60 m (milímetro más o menos) se presentan al reconocimiento con una situación probabilística de ser clasificados en uno o en otro grupo.[1]

No hace mucho se preguntaba en la televisión a un importante empresario de circo: «¿A qué edad empieza a ser peligroso un leopardo?», a lo que respondía, mientras acariciaba un cachorrillo: «Hacia los 7 meses para los extraños, y a los 12 meses para todos. Ya hay que meterle entre rejas y no sacarlo más que para actuar, también entre rejas.» Tenemos, otra vez, para decidir el día en que el cachorro sea encerrado, la misma cuestión de límite que en el montón de trigo.

[1] Que no se trata de fingir situaciones artificiosas lo demuestra el siguiente caso reciente, recogido de la prensa diaria (*Heraldo de Aragón,* 22-febr.-1985):

> «El 30 de enero de 1982, el municipio sevillano convocó oposiciones para cubrir 84 plazas vacantes en el cuerpo de Policía Municipal. Uno de los requisitos exigidos era que las mujeres que quisieran acceder debían tener una talla no inferior a 1,63. Cristina Gómez fue admitida, y superó brillantemente todas las pruebas intelectuales, pero cuando la talló al final de la oposición el resultado dado a conocer por el tribunal fue 1,62, por lo que quedó excluida para cubrir la plaza. La opositora no estuvo de acuerdo con la medición, y aportó un certificado del Colegio de Médicos en el que se afirmaba que su talla era de 1,640, por lo que solicitó que fuera tallada de nuevo. El tribunal accedió y el resultado volvió a ser de 1,628, porque definitivamente fue eliminada. ¿Se trataba de un chanchullo municipal? La frustrada opositora sospechó que era víctima de una oscura maniobra, e interpuso un recurso contencioso-administrativo ante la Audiencia Territorial de Sevilla. La prueba fundamental solicitada era determinar la auténtica talla de la recurrente, que, por acuerdo de la Sala, se realizó el 30 de noviembre de 1984. Un médico forense designado por la Audiencia midió a Cristina dos veces, y el resultado fue de 1,633 metros, es decir, el mínimo exigido. Y el 14 de enero de 1985 la Sala sentenció que el Ayuntamiento de Sevilla debe admitir como policía municipal a Cristina Gómez.»

Se puede recordar a este propósito, la defensa hecha por un sofista, EUMOLPO, que intenta demostrar inocente ante los jueces a un individuo que ha tirado a otro una piedra con ánimo de lesionarle. A cuyo fin, interroga a GITON, la víctima, como sigue:

E.: ¿A qué distancia estaba Cárnico de ti cuando te tiró la piedra?
G.: A unos cuarenta codos.
E.: Si hubiera estado a ciento, ¿habrías pensado que quería herirte?
G.: No, porque él mismo hubiera comprendido que no podía alcanzarme. Pero estaba a cuarenta, no a ciento.
E.: ¿A cuarenta justos? ¿Los mediste?
G.: No los medí. Quiero decir aproximadamente.
E.: ¿Sabes apreciar una distancia con exactitud?
G.: Sí.
E.: ¿Tanto como para no equivocarte en un codo?
G.: No, eso no.
E.: Entonces, ¿no distinguirías una distancia de cuarenta codos de otra de cuarenta y uno?
G.: No. Ni yo ni nadie.
E.: Pero Cárnico estaba a cuarenta, dices.
G.: A cuarenta poco más o menos.
E.: ¿No podría haber estado a cuarenta y uno?
G.: Sí, es posible.
E.: ¿Y a cuarenta y dos?
G.: —También.
E.: ¿Y a cuarenta y tres?
G.: Adivino tu propósito, Eumolpo. Intentas llevarme uno a uno, hasta hacerme reconocer que pudo estar Cárnico a cien codos. ¿Eso es lo que pretendes?
E.: Yo sólo pretendo que tus jueces sepan la verdad. ¿Estaría a cuarenta y tres?
G.: No.
E.: Veamos, pues. Admites que pudo estar a cuarenta y dos, pero rechazas que estuviera a cuarenta y tres, pese a que has afirmado antes que ni tú ni nadie puede apreciar a esa distancia la longitud de un codo. O no sabes apreciar un espacio a ojo —y por tanto tu estimación carece de valor—, o mientes deliberadamente para perjudicar a Cárnico. Y, si mientes, ¿cómo podremos creer nada de lo que asegures?

Parecida cuestión se plantea en uno de los *Ensayos* de MONTAIGNE (1532-1592), —el IX del Libro III, *De la vanidad*—, si bien marginalmente, cuando dice:

«Si las mujeres quieren tenernos cerca, ¿a qué llaman cerca? ¿A que estemos en el jardín? ¿A media jornada de viaje? ¿A diez leguas? Curioso sería que hubiese quien dijera a su marido: A tal distancia termina lo cerca, y a tal otra comienza lo lejos».

«Puesto que las mujeres no pueden ver los extremos de la juntura entre lo remoto y lo cercano, lo poco y lo mucho, lo pesado y lo ligero, lo corto y lo largo, sin duda juzgarán harto inciertamente de lo medio: *Rerum natura nullamnobis dedit cognitionen finium...*»

No se entretiene el autor en el problema matemático de la decisión (implicado en lo transcrito), porque sus reflexiones van naturalmente por otro camino. Como se ve en el párrafo que sigue a los anteriores:

«Mas también pueden deberse las quejas de las esposas a que, de por sí, la oposición y la contradicción las entretienen y alimentan, y a que les causa gran comodidad el incomodarnos.»

Aquí nuevamente se trata de un problema de probabilidad. La respuesta no es *sí* o *no*. En cada localización, el marido debe contar con una probabilidad p $(0 \leq p \leq 1)$ de que la esposa le considere lejano, y la probabilidad complementaria q de que se le considere aceptablemente cerca. Y en este caso, el cálculo de p es también empírico: el experimentador terminará por aprender el modo de evaluarla después de unos pocos enfrentamientos dialécticos con su consorte.

Capítulo 16

Las «paradoxas» matemáticas del P. Feijóo*

Sólo unas pocas páginas de la extensísima obra literaria del P. Benito J. FEIJÓO (1676-1764) aluden al tema matemático, y no parece inoportuno comentarlas aquí. Desde luego, resulta evidente que los elementales conocimientos matemáticos del ilustre autor no iban más allá que los de sus contemporáneos compatriotas, y aún quedan bastante atrás de los de algunos de ellos. Sin embargo, las palabras iniciales del Discurso séptimo de su *Teatro crítico Universal* (1729) son citadas con frecuencia, y tienen un tono levantado que anima la esperanza del lector:

> «Entro en esta materia con el preciso desconsuelo de no poder darme a entender bastantemente a la mayor parte de los lectores. Son en España tan forasteras las Matemáticas, que aún entre los eruditos hay pocos que entiendan las voces facultativas más comunes; pero la importancia de este Discurso para desengañar al espíritu humano de lo poco que debe fiar de sus más establecidas aprensiones me obligó a vencer este reparo.»

Pero la expectación del lector se defrauda pronto, por cuanto, como veremos, no aparece en el texto nada que permita suponer en FEIJÓO conocimientos matemáticos superiores a los de nuestro modesto nivel medio del siglo XVIII.

El discurso comentado ofrece una miscelánea de paradojas «sobre cada una de las partes de la Matemática». La justificación del tema la hace el autor así:

* Esta nota es una versión muy resumida del artículo del mismo título publicado en Publicaciones del Seminario Matemático de Zaragoza. N.º 10 (Homenaje a José M.ª Iñiguez Almech).

«Nunca nuestro entendimiento está más bien dispuesto a rendirse a los sobrenaturales y revelados misterios, que cuando hace la reflexión debida a la cortedad de su alcance aún en las cosas naturales. Y esta reflexión se excitará necesariamente a los autores capaces, al ver en el presente Discurso demostradas con evidencia algunas proposiciones en que antes concebía una manifiesta repugnancia.»

Realmente una de las características de los conocimientos matemáticos (incluidas las paradojas de todos los tiempos), es el proceso con que la mente se adapta, desde considerarlos sorprendentes, difíciles y asombrosos, hasta aceptarlos como la cosa más lógica y natural del sentido común, una vez familiarizados con la nueva idea. En lo que sigue Feijóo parece más cerca de la primera etapa que de la de madurez, pues muestra un asombro de visión ingenua ante unas paradojas que realmente, sin excepción, no ofrecen nada de particular.

Daremos ahora el enunciado de tales paradojas, sin apenas más comentario, puesto que, por fortuna, la cultura media actual, hace hoy innecesaria esta no muy modesta precaución inicial de Feijóo: «Procuraré familiarizarme a la inteligencia de los más tardos cuanto lo permitiere la materia».

1. Geometría.— Posibles son dos líneas que continuamente se vayan acercando más y más una a otra, y que por más que se prolonguen nunca lleguen a tocarse.

(Se trata, obviamente, de un ejemplo de asíntota, y no es menos obvia la consecuencia: «La proposición establecida puede tener su uso como símil oportunísimo en algunas materias filosóficas y teológicas, para confirmar la máxima repetida de que las cosas de orden inferior, por más que crezcan en perfección nunca pueden igualar las cosas colocadas en orden superior.»)

2. Geometría.— Dos paredes de un edificio si están hechas a plomo, no pueden ser paralelas o equidistantes; antes bien, es preciso que disten más una de otra por la parte superior que por la inferior.

(La demostración síguese «de la común opinión filosófica que los graves bajan por línea recta hacia el centro de la tierra».)

3. Óptica.— Es imposible saber si los objetos se nos representan a los ojos según la verdadera magnitud que tienen en sí mismos.

(Este comentarista no ha conseguido entender el significado de la proposición. Dificultad natural, pues el autor elude explícitamente, por «muy prolija», la explicación de lo que es ángulo óptico.)

4. Óptica.— Ningún objeto se ve clara y distintamente sino con un solo ojo.

(En el sentido de que cuando se ve algún objeto, aunque concurren ambos ojos a la visión, sólo con el uno se ve claramente, y con el otro con alguna confusión.)

5. Astronomía.— Los días naturales son entre sí desiguales.

(Distinciones entre el día sidéreo y el solar, con alusión a los cómputos de Mr. Wallis «famoso matemático inglés». Hay que decir aquí, algo molestos con FEIJÓO, que por grande y reconocido que fuese el atraso matemático español en su tiempo, cosmógrafos españoles de primera línea teníamos ya en el siglo XVI, y no menos en los sucesivos. No es fácil, pues, que esta paradoja causara mucha sorpresa a nadie. Contemporáneo del autor fue JORGE JUAN (1713-1773), pero aún sin nombre tan excepcional, es seguro que entre nuestros cosmógrafos y marinos era sabido todo lo que de Cosmografía se supiese en el siglo XVIII.)

6. Astronomía.— Supuesta la duración del mundo, vendrá tiempo en que hiele en la canícula.

(Referencia al desajuste progresivo del calendario. Es válido lo que se ha dicho en la nota anterior, y debe repetirse para la siguiente. Ante las «novedades» que aquí se ofrecen en cuestiones de Cosmografía y Geodesia, será lícito imaginar que FEIJÓO en su erudición «desprecia cuanto ignora» del saber científico de sus compatriotas más ilustrados.)

7. Geografía. —La tierra no es de figura esférica.

(FEIJÓO informa sobre las mediciones en Francia en los años 1683 y 1718, y se inclina a la opinión de que la Tierra sea un elipsoide alargado hacia los polos (como defendían CASSINI y LA HIRE), pero en ediciones posteriores en nota a pie de página amplía: «En orden a lo que resolvemos en este número debemos advertir que *adhuc sub judice lis est*. Usamos en lo que dijimos entonces de las noticias que había con buena fe. Mas pues la Academia Real de las Ciencias, ..., ha continuado investigación más exquisita sobre el asunto, suspendamos el asenso hasta ver su última resolución.» Como es sabido las mediciones, en las que tan importante papel tuvo JORGE JUAN en Perú en 1740, llevaron a la conclusión prevista por NEWTON, contraria a la de CASSINI: la Tierra está achatada por los polos.)

8. Estática.— Los graves no descienden por línea recta hacia el centro de la Tierra.

(Esto es una confusa consecuencia de la figura de la Tierra, que se liga con la paradoja segunda).

9. Estática.— Si el movimiento de los graves fuese uniforme, esto es, que no se acelerase en el descenso, una piedra molar, moviéndose continuamente por espacio de treinta mil años, no bajaría un dedo.

(Acepta aquí las razones del P. DECHALES: «Ahora, suponiendo como es la sentencia más común entre los filósofos, así antiguos como modernos, que el tiempo es divisible infinitamente, en la primera partícula del tiempo se mueve el grave con un grado de tardanza mayor que cualquier designable. De aquí se infiere, que si la piedra continuara a moverse con aquel mismo grado de tardanza sin acelerar nada el movimiento, no solo desde el principio del mundo hasta ahora no hubiera bajado la séptima parte de un dedo, pero ni aún en un millón de años; pues cualquier tardanza que se señale, aún hay otra tardanza mayor en aquel progreso indefinido del movimiento hacia su origen.»)

Nada de lo antedicho niega la justa admiración que merece FEIJÓO, pero cuando se quiera estudiar o exponer el triste estado de nuestra matemática en el siglo XVIII, no se deben traer sus palabras como autoridad, por que en este terreno no la tiene. Tiene este autor todo el brillo de excelente ensayista, pero la austeridad y trascendencia del verdadero magisterio científico no le corresponde. Eludir las dificultades con frases como, «pero en estos casos la demostración es embarazosísima y para entenderla es menester más que mediana tintura de Geometría», o como, «porque explicar que es el ángulo óptico, como y donde se forma, sería cosa muy prolija», da mucha amenidad al estilo y lucimiento al autor. Aunque, en verdad, la gratitud de los futuros estudiosos no se conquiste apenas por tan bello decir.

Capítulo 17

Paradojas ingenuas con el infinito

Para comparar el número de elementos de dos conjuntos finitos se ha inventado la operación de contar. Si se pretende hacer la comparación entre conjuntos infinitos el número pierde su papel, y con facilidad se presentan aparentes paradojas, que no son tales si se atiende a las nociones de la teoría de conjuntos.

a) Las cuentas del poeta

Como muestra de que una mente eximia en un sentido puede ser ingenua en otro, citaremos ahora unas líneas del ilustre poeta A. MACHADO en su obra tardía *Juan de Mairena*, donde este personaje nos dice, como si fuera observación notable, lo siguiente:

> «La serie par es la mitad de la serie total de los números. La serie impar es la otra mitad. Pero la serie par y la serie impar son, ambas, infinitas. La serie total de los números es también infinita. ¿Será entonces doblemente infinita que la serie par y la serie impar? No parece aceptable, en buena lógica, que lo infinito pueda duplicarse, como tampoco que pueda partirse en mitades. Luego la serie par y la serie impar son ambas, y cada una, iguales a la serie total de los números. No es tan claro, pues, como vosotros pensais, que el todo sea mayor que la parte. Meditad con ahinco hasta hallar en qué consiste lo sofistico de este razonamiento. Y cuando os hiervan los sesos, avisad.»

b) Diálogo de periodistas

Un periódico diario publica un *Consultorio*, donde los lectores pueden plantear preguntas, que otros lectores o la redacción del diario contestan en número sucesivos. Por necesidades de ajuste, el diario viene a publicar cada día cinco consultas y, por su mayor extensión, solamente cuatro respuestas, conservando estrictamente el orden de publicación. Cierto día el Director comenta con el Redactor jefe:

—Hay que variar este sistema. Cada vez se amontonan más y más preguntas sin contestar, y llegarán a estar atrasadas un número tan enorme como se quiera imaginar.

A ésto, el Redactor jefe replica:

—El sistema que seguimos no es malo. Con suficiente paciencia para aguardarla, ninguna consulta se quedará sin respuesta.

He aquí, pues, el ejemplo de una discrepancia en la que los dos discrepantes tienen toda la razón. Cuando por uno de ellos se adopte la decisión pertinente, habrá que explicarle al otro la razón de la sinrazón que a mi razón se hace (como dice el Quijote, Cap. I).

c) Un mal paso al límite

Consideremos el cuadrado de vértices A, B, C, D. Suponemos el lado AB horizontal, y consecuentemente el lado BC vertical.

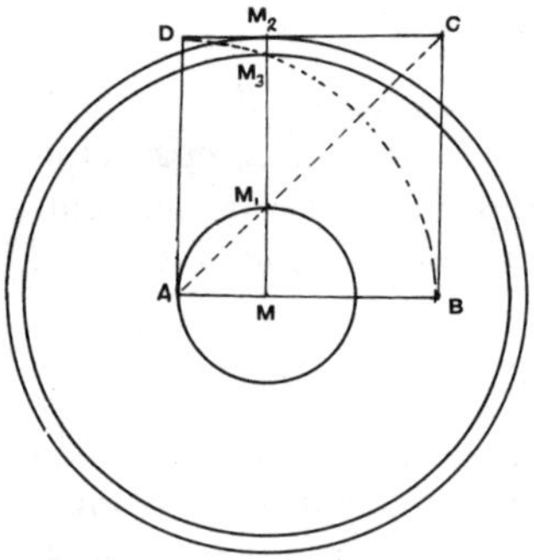

Sea M un punto de AB. La vertical en M cortará a la diagonal AC en el punto M_1 y en M_2 al lado CD. Asimismo cortará en un punto M_3 al arco DB de circunferencia con centro en A y radio AB. Es muy fácil demostrar que la corona circular de radios MM_2 y MM_3 tiene la misma área que el círculo de centro M y radio MA. Puesto que tienen la misma área, no hay inconveniente en admitir que tienen el mismo número (o la misma cantidad) de puntos la corona y el círculo. Esto sucede así por próximo que esté el punto M del punto A. Ahora bien, si M se mueve hacia A, en el límite de la aproximación, cuando M llega a A, la corona se ha transformado en la circunferencia del centro A y radio AD, mientras que el círculo se ha reducido al punto A. Parece ahora un poco absurdo (y lo es) decir que hay tantos puntos en la circunferencia como en el solo punto A (aunque se tratase de un punto *alef* que en el célebre cuento de BORGES condensa y contiene toda la realidad cósmica: Algo de eso viene a ocurrir aquí, y en otros pasos al límite de uso habitual). La explicación es, simplemente, que la coordinabilidad de conjuntos es una relación que no tiene porque conservarse en el paso al límite.

Capítulo 18

Panorámica de la historia de las matemáticas

En una de sus glosas (fechada en Salamanca en 1913) nos describe Eugenio D'ORS el espíritu y conducta del turista apasionado por lo inteligible, de quien nos dice:

> «... al visitar un monumento, por ejemplo una catedral, antes de entrar en ella da una vuelta a su alrededor. Hace esto para conocer sus límites. Sin ese previo conocimiento la visión le da angustia, la angustia de lo no comprendido y de lo infinito. Lo mismo hará si visita un Museo; desde la entrada irá directamente hasta el muro de la última sala; y si la distribución es circular dará primero la vuelta entera, hasta hallarse de nuevo en el punto de partida; y enseguida, con la conciencia tranquila respecto al límite contemplará los cuadros uno a uno.
>
> Para un espíritu de tal naturaleza —y los espíritus de tal naturaleza les llamo yo buenos espíritus—, el descubrimiento de la esfericidad de la Tierra fue un gran descubrimiento».
>
> (E. D'ORS. *Glosas*, Calleja 1917. Pág. 225)

Pues bien, las páginas de este plano o panorámica están al servicio del hipotético lector amigo de los límites, que, sin un previo conocimiento de la Historia de las Matemáticas, proyecte detenerse a contemplar más despacio este o aquel capítulo.

1. Grecia. Las matemáticas como ciencia organizada tienen su origen en el genio griego y se puede resumir en un esquema rápido su desarrollo en los siglos sucesivos. Salvando algunas lagunas y detalles por discutir, la marcha general de esta ciencia es bastante bien conocida.

Como fuente original de esta matemática griega debe apuntarse que en Egipto y en Babilonia, se tenían ya buenos conocimientos de matemática práctica desde, al menos, dos mil años a. de C., sin que pueda decirse cual de las dos culturas influyó más en la otra. Entre ellas Fenicia, que aprendió de ambas. Ninguno de estos pueblos llegó a construir la matemática especulativa, aunque los viajes de los primeros sabios griegos por Egipto y Fenicia fueron el germen de ella.

El más antiguo autor cuyo nombre va ligado a algunos descubrimientos matemáticos es THALES de Mileto (hacia 585 a. de C.), uno de los legendarios «siete sabios de Grecia». Se le considera también uno de los creadores de la Astronomía, el primero que supo predecir un eclipse de luna a los jonios. Dícese también que en un viaje a Egipto consiguió calcular la altura de las Pirámides, por la longitud de la sombra. Esto supone una aplicación de la semejanza de triángulos, cuya teoría también se le atribuye.

Síguele en el tiempo PITÁGORAS de Samos (hacia 532 a. de C.) viajero desde su juventud, que recorrió Fenicia, Egipto y Caldea, aprendiendo todas las ciencias y mitos de los paises visitados. Después de su estancia en Grecia, la fijó en Crotona (sur de Italia), donde fundó una singular comunidad científica. El símbolo de los pitagóricos era una estrella regular de cinco puntas, llamada pentalfa; esta figura tiene notable importancia en el contexto de la Geometría clásica de Grecia *(Véase pág. 104.)*

Así como a los sabios griegos THALES de Mileto y PITÁGORAS de Samos pueden considerarse fundadores de la ciencia matemática, así a PLATÓN se atribuye que se la considere base indispensable de la formación intelectual del sabio. PLATÓN (428-348 a. de C.) nació y enseñó en Atenas, en la época de la decadencia política de la ciudad. Fue gran viajero y a su paso por la Magna Grecia (Sicilia y sur de Italia) aprendió las Matemáticas de los pitagóricos. Al regreso estableció su enseñanza en los jardines de la casa de ACADEMO (este es el origen del nombre de Academia para las organizaciones de acción científica). Sobre la puerta de entrada se leía esta frase: Nadie entre aquí si no sabe Geometría.

ARISTÓTELES de Estagira (384-322 a. de C.) fue el más ilustre discípulo de PLATÓN y, lo mismo que éste, impuso la exigencia de los estudios matemáticos. De este modo, los dos sabios, aunque no se conozca de ellos ningún trabajo matemático directo, han tenido importancia grande en el prestigio y desarrollo de las Matemáticas. Por cierto que su concepción de los elementos matemáticos (números y figuras) no es concordante en ambos, antes al contrario: Más idealista y simbólica en PLATÓN y más realista y concreta en ARISTÓTELES. El nombre de este último va unido al de ALEJANDRO MAGNO, el gran conquistador del mundo antiguo, quien le tuvo como preceptor.

2. Alejandría. A la muerte de ALEJANDRO EL MAGNO (323 a. de C.) las provincias de su imperio se distribuyeron entre sus generales, ascendiendo TOLOMEO al trono de Egipto. Gran protector del arte y de la ciencia, hizo de Alejandría el más intenso foco cultural de la antigüedad, llegando ahora el momento culminante de la Historia de las Matemáticas, las que alcanzaron tan alto nivel, que hasta el siglo XVII no fue desbordado. Fundó, pues, TOLOMEO el Museo (templo de las Musas; una especie de Universidad) y llamó a él a las grandes figuras científicas de la escuela de Atenas. La más célebre de ellas fue EUCLIDES.

Hacia el año 300 a. de C. redactó EUCLIDES los trece libros de su tratado de *Elementos de Geometría*. Este texto es el más fundamental y el más estudiado de todos los libros escritos en la larga historia de las ciencias matemáticas, y aún de la ciencia en general. No se puede ponderar suficientemente la importancia de este libro, donde las matemáticas muestran por primera vez sus características condiciones de rigor lógico deductivo y abstracción. Pero conviene prevenirse de dos errores frecuentes en la común opinión. No es cierto que el texto sea una exposición ordenada de toda la Geometría que conocían los griegos de su tiempo, pues hay multitud de teorías geométricas muy bien sabidas por ellos, y que EUCLIDES no menciona en su libro, porque no encajaban en el plan del mismo. Tampoco es cierto que la perfección axiomática de los Elementos sea absoluta, e insuperable para la crítica posterior. Esto no desdice la genialidad de EUCLIDES al plantearse la exigencia del rigor lógico y establecer el modelo para realizarla. Otras obras importantes escribió EUCLIDES, como un tratado de Óptica, muchas de ellas perdidas, o muy incompletas, tal el libro de *Porismas*.

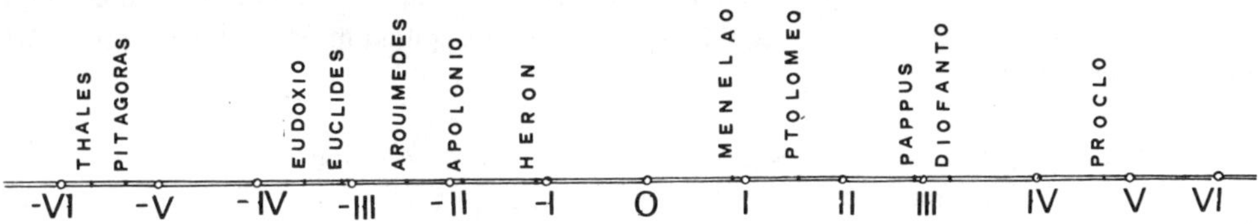

Uno de los más grandes matemáticos de todos los tiempos fue ARQUÍMEDES de Siracusa (287-212 a. de C.). No se sabe si en su juventud vivió en Alejandría, pero sí que mantuvo constante relación con los sabios alejandrinos, a los que comunicaba sus descubrimientos desde la corte de Siracusa, en donde había fijado su residencia. Contribuyó a la defensa de la ciudad ante las tropas romanas del general MARCELO, y fue muerto en el saqueo consiguiente a la conquista de la plaza, según relatamos en otro lugar (ver pág. 101).

Citemos también a PTOLOMEO (hacia el 130 d. de C.) como astrónomo y geómetra distinguido de la escuela de Alejandría. En general, siguió esta ciudad conservando su predominio científico incluso después de caer bajo el poder político de los romanos, en 146 a. de C. Los últimos grandes matemáticos de Alejandría fuerón HERÓN, que vivió en época no sabida con seguridad, tal vez en los siglos I o II y DIOFANTO, hacia fines del siglo III. A este último se debe una difícil *Aritmética* que vino a ejercer una notable influencia en los matemáticos del siglo XVII.

3. Roma. Los romanos no hicieron ninguna aportación notable a las matemáticas. Pueblo para la acción, más que para la especulación científica, cuando emprendían reformas en las que necesitaban de matemáticos o de astrónomos (como la reforma del calendario o de la agrimensura), debían recurrir a especialistas griegos de Alejandría. Pero tardíamente aparece un ciudadano romano de gran influencia en la historia de las matemáticas: tal fue BOECIO (470-524) filósofo latino que tradujo del griego innumerables obras, entre otras la

Aritmética de NICOMACO de Gerasa (s. I). Esta obra de BOECIO ejerció gran influencia en la Edad Media y hasta el Renacimiento. A este autor se atribuye la palabra «quadrivium» para designar el conjunto de las ciencias matemáticas: Aritméticas, Geometría, Astronomía y Música.

4. India. Las matemáticas indias anteriores a la expedición de Alejandro son poco conocidas, mostrando alguna semejanza con las del antiguo Egipto. Pero hacia el IV d. de C., los indios desarrollaron notablemente la matemática griega, muy especialmente la Aritmética. El primer gran matemático indio BRAMAGUPTA (s. VII) inició el uso de los números negativos, e incluso el Álgebra. Uno de los últimos es BASKARA (siglo XII, ya bajo el imperio árabe).

A los aritméticos indios se debe la idea más trascendental para la ciencia del cálculo, esto es, la invención de nuestro actual sistema de numeración, gracias a dos ideas geniales: el *valor posicional* de las cifras, y la utilización del *cero*; éste en dos aspectos: primero el cero como *cifra* y mucho después el cero como *número*. La elaboración de este sistema numeral puede situarse hacia los siglos VII y VIII. La expansión árabe trasplantó estas invenciones a Europa.

5. Arabia. Hasta mediado del siglo VII los pueblos de Arabia lograron permanecer independientes políticamente, al margen de los imperios formados en el mundo antiguo, tales como el egipcio, el de Alejandro y el romano. Culturalmente vemos a los árabes rodeados de distintos focos de civilización, cuyas vicisitudes, por lo que hace a las Ciencias Matemáticas, hemos reseñado brevemente en lo anterior.

Establecido sólidamente el imperio árabe, su civilización se desarrolla espléndida. Las obras de los matemáticos indios y griegos son traducidas al árabe, y la ciencia, especialmente el Álgebra (de las que se les considera inventores) y la Geometría de la esfera (o Cosmografía).

En este mundo cultural, que comprende los siglos del VIII al XIII, adquiere importancia grandísima el imperio occidental independiente, esto es, la España árabe, acudiendo a las escuelas de Córdoba y Sevilla sabios viajeros de todas las naciones.

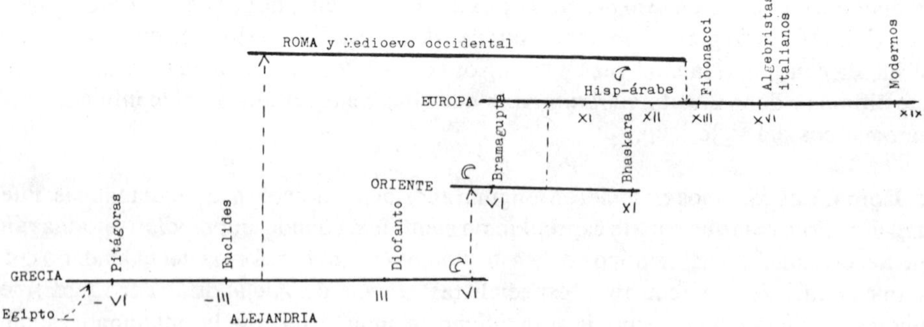

La Matemática clásica griega y su trasvase a la cultura de Occidente.

Uno de los primeros tratados sistemáticos sobre ecuaciones hasta el segundo grado se debe a ALHWARAZMI, de Bagdad (año 813), y del título de la obra, que es *Libro de chéber y almocábala*, se deriva probablemente, de *alchéber* la voz álgebra. (El significado de *chéber* viene a ser *reducción*). Debe advertirse que el álgebra se explicaba sin fórmulas, escribiendo con todas sus palabras las operaciones que se hacían. (Algunos autores opinan que la palabra álgebra es la deformación latina del nombre de algún matemático árabe.)

6. Bizancio. La decadencia de Alejandría, el fin del Imperio romano de Occidente (a. 476) y, finalmente, la expansión árabe, fueron causas por las que la ciencia griega se encerró en Bizancio, sin nuevos progresos. Al caer Constantinopla en poder de los turcos (año 1453) los sabios bizantinos que buscaron refugio por Europa contribuyeron a que por ella se expandieran el Arte y la Ciencia antiguos, en Bizancio conservados. Esto es, ciertamente, uno de los factores que más contribuyeron al Renacimiento; pero en lo que corresponde a las Matemáticas, el influjo de la caída del Imperio bizantino no fue de especial importancia, pues la actividad de las escuelas árabes había hecho ya la principal tarea de expansión. En realidad, las bases del gran renacimiento europeo de las Matemáticas se prepararon en Italia dos siglos antes, a comienzos del siglo XIII.

7. El Renacimiento. Al llegar el siglo XIII vemos iniciarse en Europa un prólogo al Renacimiento de la cultura matemática. Este punto inicial se pone en la publicación del Liber Abaci de LEONARDO DE PISA (1 202). Este libro fundamental, base de la posterior supremacía matemática de Italia, quedó silenciado durante más de dos siglos, sin que en ellos se produzcan logros de importancia esencial. Este periodo, precursor del definitivo Renacimiento matemático, se cierra con el siglo XV en las figuras del alemán REGIOMONTANO (o Johannes Müller, 1436-1476) y los italianos LUCA PACIOLI (1445-1514) y LEONARDO DA VINCI (1452-1519).

El verdadero Renacimiento de las Matemáticas y superación de la Matemática clásica para empezar la moderna, no se tiene hasta el siglo XVI, con los algebristas italianos. Entonces TARTAGLIA (1499?-1557) y CARDANO (1501-1576) consiguen las reglas de resolución de las ecuaciones de tercer grado; FERRARI (1522-1565) la resolución de las de cuarto grado. El francés VIETA (1540-1603) crea el Álgebra simbólica literal, y su idea de poner letras en vez de números en los coeficientes permite expresar los resultados mediante *fórmulas*, en vez de *reglas* de largo y confuso enunciado.

Este siglo XVI, el verdaderamente decisivo para la orientación de la Matemática occidental, se cierra con las figuras del escocés NAPIER (o Neper, 1550-1617) y BRIGGS, (1556-1631), ligados ambos a la creación del cálculo de logaritmos. Las primeras tablas de NAPIER, se publicaron en 1614. A su empleo se debe la aceptación definitiva de la expresión decimal de las fracciones ordinarias. Estas cifras decimales ya habían sido recomendadas para el cálculo, por el matemático flamenco Simón STEVIN (1548-1620).

8. El siglo XVII. En este siglo adquiere la matemática sus caracteres propios debido a la acción genial y simultánea de diversos autores, que propiamente no son matemáticos profesionales, sino hombres de otras actividades apasionados por las Matemáticas. Así en Francia DESARGUES (1593-1661), DESCARTES (1596-1650), FERMAT (1601-1665) y PASCAL (1623-1662). El P. M. MERSENNE (1588-1648) es también matemático de valía, y desempeña entre los anteriores el papel que más tarde corresponderá a las Revistas científicas, por cuanto centraliza la correspondencia con que se intercambian entre ellos noticias, comentarios y desafíos matemáticos. DESCARTES une definitivamente la Geometría con el Álgebra con la creación de la Geometría Analítica, hoy tan familiar a los estudiantes, y con esto se señala el nacimiento de la Matemática moderna.

El siglo que se inició tan brillantemente concluye, más glorioso aún, con la creación del Análisis Infinitesimal, por NEWTON (1643-1727) en Inglaterra y LEIBNITZ (1646-1716) en Alemania, que lo idearon simultáneamente pero independientemente. Con este potente medio de cálculo fueron resueltos inmediatamente multitud de problemas pendientes pero, como sucede siempre que se crea un método nuevo, aparecieron nuevos problemas en cuyo planteo y solución destacaron de modo notabilísimo los suizos hermanos BERNOUILLI, JACOBO (1654-1705) y JUAN (1667-1748). En el croquis siguiente se sitúan en el tiempo estos y otros autores notables del siglo XVII.

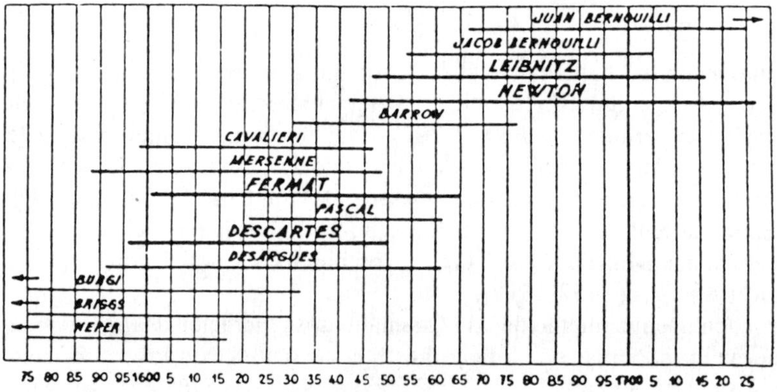

El siglo XVII. — De Descartes a Newton

9. Siglo XVIII. El siglo XVIII puede llamarse, justamente, el siglo de EULER, suizo, (1707-1783), pues la inmensa, abrumadora e incesante producción de este genio abordó todos los temas del Análisis Matemático y de la Geometría y la Mecánica. Pero es también el siglo de oro de la matemática francesa, pues en él brillan, como en el diagrama aparece, los nombres de D'ALEMBERT (1717-1783), LAGRANGE (1736-1813), LAPLACE (1749-1827), la ponderación de cuyas obras no podemos hacer aquí ni del modo más sumario, porque ello escaparía a la intención de síntesis referencial que tienen estas páginas.

A fines de este siglo es preciso reseñar para la Historia del Álgebra la figura del italiano RUFFINI (1765-1822), que aborda por primera vez las demostraciones de imposibilidad sobre la resolución general de las ecuaciones de grado superior al cuarto mediante fórmulas con sólo cálculo de radicales. Los resultados definitivos sobre este problema se establecieron a principios del siguiente siglo.

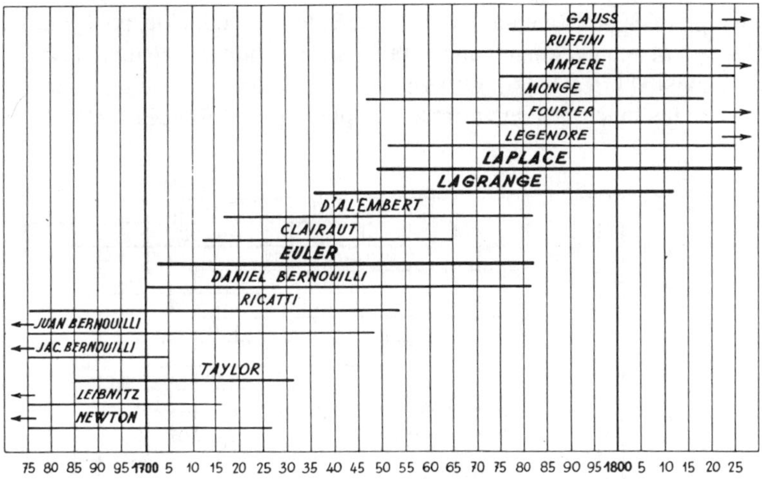

El siglo XVIII. — De Euler a Lagrange

10. Siglo XIX. Está muy generalizada, incluso entre personas cultas, la opinión de que las matemáticas constituyen una ciencia esencialmente terminada desde hace siglos. Esta idea se ampara en la circunstancia de que la Geometría griega ha subsistido prácticamente intacta desde su creación hasta nuestros días. Ciertamente, el hombre de cultura media (como es, por ejemplo, el caso de un buen bachiller) ha sido familiarizado con otras disciplinas, Aritmética, Trigonometría, Álgebra, cuya construcción, él lo sabe bien, es muy posterior a la Grecia clásica. Incluso se ha familiarizado con el Cálculo diferencial e integral, nacido en el siglo XVII. Con esto, es muy frecuente creer que después de NEWTON y de LEIBNITZ no se ha creado en Matemáticas nada importante, salvo, tal vez, las maravillosas máquinas computadoras de nuestros días.

Pero lo cierto es, por el contrario, que el siglo XIX ha sido aúreo para las Matemáticas (como para la Música), por cuanto en él se han hecho más cosas y mejores que en todos los siglos precedentes. Las dimensiones del esquema gráfico de este siglo comparadas con las de los gráficos anteriores ya hace patente el volumen inmenso de la creación matemática en el mismo, imposible de resumirse en pocas páginas.

Uno de los primeros logros en este siglo es orientar definitivamente el problema de la resolución algebraica de ecuaciones, por obra, sobre todo de dos matemáticos muy jóvenes: El noruego N. H. ABEL (1802-1829), que también obtuvo resultados fundamentales en el Análisis Matemático, y el francés E. GALOIS (1811-1832), cuyas investigaciones algebraicas son el origen de la Teoría de Grupos, importantísima parte de la Matemática actual. La figura tal vez más eminente de la Historia de las Matemáticas, C. F. GAUSS (1777-1855) inicia su producción original a fines del s. XVIII, pero en realidad es la figura más representativa de las Matemáticas del XIX. Este autor concibe, por ejemplo, la posibilidad de *Geometrías no euclídeas*, que desarrollaron el húngaro BOLYAI (1802-1860) y el ruso LOBACHEWSKI (1793-1856). Otras grandes creaciones de este siglo son: la formación de la Teoría de las funciones de variable compleja, por el francés CAUCHY (Barón de-;

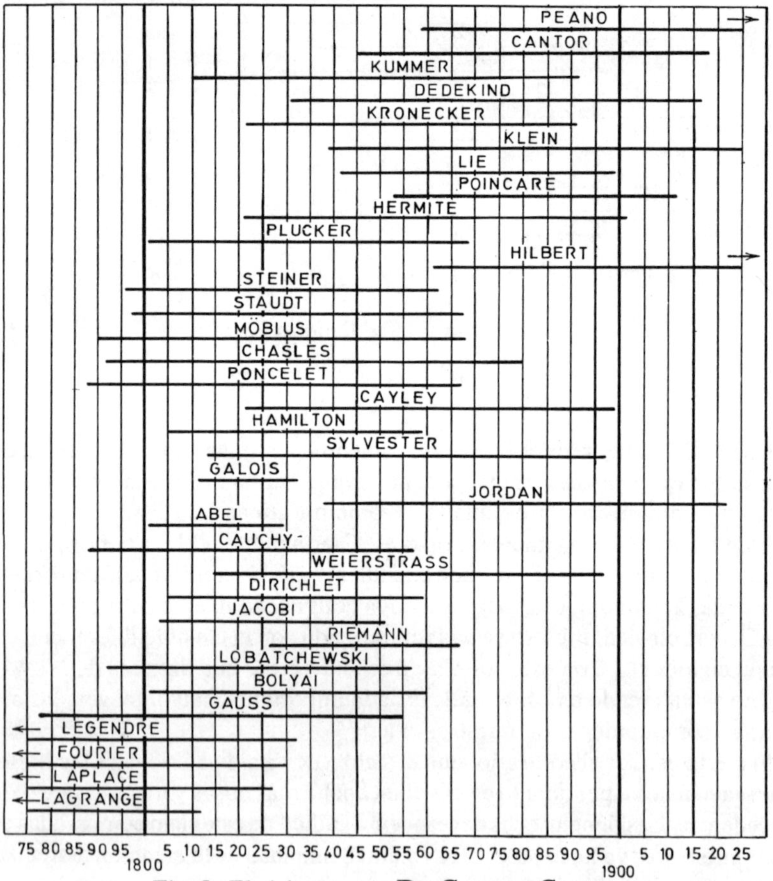

Fig. 5. El siglo XIX. — De Gauss a Cantor.

1789-1857), y su desarrollo por los alemanes WEIERSTRASS (1815-1897) y RIEMANN (1826-1866); la iniciación de la llamada Álgebra Moderna por los dos citados ABEL y GALOIS; el desarrollo del Álgebra Superior clásica por los ingleses SYLVESTER (1814-1897) y CAYLEY (1821-1899); la creación del cálculo de cuaternios (actualmente transformado en cálculo vectorial) por el irlandés HAMILTON (1805-1865); la construcción de la Geometría proyectiva por obra de los franceses PONCELET (1788-1867) y CHASLES (1793-1880) y el alemán von STAUDT (1798-1867), entre otros; la Teoría de los números en su forma actual, iniciada por GAUSS, y desarrollada por sus discípulos DIRICHLET (1805-1859) y DEDEKIND (1831-1916); la perfección de la axiomática, por el alemán HILBERT (1862-1943) —uno de los más grandes matemáticos contemporáneos— y el italiano PEANO (1852-1932); la Topología por el francés POINCARE (1854-1912) —prodigioso talento universal; y finalmente, porque en algún sitio hay que terminar, citaremos la singular obra del alemán G. CANTOR (1845-1918) creador de la Teoría de conjuntos y la Aritmética transfinita, con el que se conmovió la matemática tradicional, iniciándose una zona polémica, que discutieron apasionadamente muchos matemáticos de la primera mitad del siglo XX.

Las Matemáticas de nuestro siglo XX siguen un desarrollo acelerado, aunque en opinión de muchos comentaristas no sean tan creativas como las del siglo anterior, al que deben su arsenal de ideas fundamentales. Sea como quiera, la del siglo XX es obra cercana que no puede abordarse en un apunte de historia general.

Nota. Resulta obvio que sólo hemos dado unos nombres significativos, como referencias fundamentales para conseguir una primera orientación en la compleja red de esta larga historia. No sería difícil encontrar diez nombres omitidos en el entorno de cada nombre citado.

NOTA EN TRES PARTES

a) De THALES DE MILETO

La anécdota típica en el recuerdo a THALES, narra que el sabio salió una noche a reflexionar sobre el movimiento y naturaleza de las estrellas, y mientras caminaba mirando al limpio cielo de Corinto, vino a caer en una zanja del camino. Una vieja que presenció el percance le interpeló:

—¿Cómo quereis saber lo que ocurre en el cielo, mientras no sabeis ver el suelo que pisais?

Con esto THALES y la vieja se hicieron célebres, porque el apólogo ejemplar se ha repetido infinitas veces, y se sigue contando en prosa y en verso.

El prestigio de THALES entre sus conciudadanos debió ser grandísimo. La siguiente fábula lo acredita así. Dícese en ella que unos jóvenes jonios compraron previamente a unos pescadores lo que sacasen con sus redes. Éstos sacaron del agua un trípode dorado, que se tuvo por obra de Vulcano. Esto originó un pleito con los pescadores de Mileto, y para resolverlo se decidió consultar al oráculo. Éste dio como respuesta:

—Yo adjudico el trípode al más sabio.

Entonces, de común acuerdo todos, se le otorgó a THALES. Dícese también que éste lo envió a otro sabio, y éste a otro, hasta que llegó a SOLÓN, quien finalmente lo donó al oráculo de Delfos.

Como en todos los matemáticos anteriores a la Escuela de Alejandría, las nociones científicas, filosóficas y morales eran atendidas en conjunto por los sabios. La tradición atribuye a THALES algunas máximas que resumen su ideario. Entre otras:

No hay vacío.
No hay más que un mundo; es la obra de un Dios; luego es perfecto.
El agua es el principio de todo, y todo se resuelve en ella.
La necesidad es el poder inmutable y la voluntad constante es la Providencia.
El alma es inmortal.

Dícese que THALES murió cerca ya de los noventa años aplastado por el gentío que se retiraba después de los juegos de lucha que él fue a presenciar.

b) De PITÁGORAS DE SAMOS

Uno de los más notables descubrimientos de PITÁGORAS, o de los pitagóricos, fue descubrir la existencia de segmentos inconmensurables (ver pág. 105). Se cuenta con insistencia que para agradecer este descubrimiento a los dioses PITÁGORAS les ofreció el sacrificio de un buey. Esta leyenda, y la crencia de los pitagóricos en la metempsicosis, esto es, la transmigración del alma a los cuerpos de animales, sugiere a un humorista francés, que ahora no consigo localizar y cito aproximadamente, la siguiente reflexión: «A veces he creído en la transmigración de las almas, y mientras he presenciado algunos exámenes se me ha ocurrido, si el espíritu de Pitágoras se habría encarnado en el muchachillo que se examinaba, mientras en el rutinario examinador se hubiese encarnado el espíritu de aquel buey que Pitágoras sacrificó a los dioses.»

Pitágoras relacionó la música con los números y en éstos encontraba el alma de todo el mundo visible y moral.

La moral religiosa y social de Pitágoras se halla encerrada en sus llamados *versos dorados,* que se dice recogió LISIS, uno de los discípulos directos de aquél. Entre otros:

Honra primeramente a los dioses y respeta el juramento con toda clase de religión.
El poder habita cerca de la necesidad. La necesidad nos hace tener más fuerzas de las que creíamos tener.
Sobrelleva resignado tu suerte, sea cual sea, y no te impacientes por ella.

Pero también se atribuyen a PITÁGORAS otros proverbios de significado oculto, llamados *símbolos,* que sólo se explicaban en la secta. Es de notar el

No comas habas.

que se interpreta como: «apártate de luchas políticas», ya que las habas servían entre los griegos para votar en las elecciones para los empleos públicos.

Posiblemente PITÁGORAS tuvo un fin trágico, cuando en una revuelta contra los pitagóricos fue incendiada la casa en la que estaba reunido con sus amigos. Parece legendaria la historia según la cual PITÁGORAS fue alcanzado por sus enemigos cuando se detuvo en su huida por no atravesar un campo de habas.

c) De ARQUÍMEDES DE SIRACUSA

ARQUÍMEDES es el único de los sabios de la antigüedad cuya vida puede narrarse con seguridad histórica, e incluso con iconografía auténtica. Esto se debe a que ARQUÍMEDES era ya en su tiempo un sabio popular y admirado hasta lo mítico, tanto por sus compatriotas siracusanos, como por los romanos enemigos. Pocas biografías, pues, más interesantes de narrar que las de ARQUÍMEDES, pero nos vamos a limitar al último episodio, el de su muerte.

La ciudad de Siracusa (en Sicilia) estuvo durante más de tres años sitiada por los romanos, al mando de su general MARCELO. Una de las claves de la prolongada defensa estuvo en el talento inventivo de ARQUÍMEDES para idear máquinas y artificios defensivos y ofensivos. Pero, finalmente, una noche de la fiesta de Diana, descuidada la ciudad, entraron en ella los romanos, y MARCELO la concedió al saqueo a sus legiones.

La víctima más importante en aquella noche trágica, fue ARQUÍMEDES. Es indudable que le mató un soldado romano, pero no es seguro como sucedió ello. El historiador PLUTARCO refiere tres variantes de lo sucedido, basados en relatos oidos por él, sin inclinarse más por uno que por otro.

Podemos admitir, que cuando un enfurecido soldado vino a apartarle de frente al arenario donde tenía dibujadas sus figuras, las últimas palabras de geómetra fueron: «¡No estropees mis círculos!». El ensimismamiento de ARQUÍMEDES en su problema resulta muy verosímil, si se atiende a lo que también nos cuenta Plutarco:

«ARQUÍMEDES vivía como encantado por un genio doméstico, olvidando comida, bebida y aseo. Llevado, a menudo a pesar suyo, a la estufa y el baño, dibujaba en las cenizas del hogar figuras de Geometría. Y en sus miembros untados con aceite trazaba líneas con el dedo, dominado por una pasión poderosa, como un poseso de las Musas.»

MARCELO lamentó profundamente la muerte de Arquímedes. Su dolor pudo ser en parte interesado, pues sabía la calidad del ingeniero perdido, y siempre han sido estos genios parte importante de la ganancia en guerras. Pero fue sobre todo sincera admiración y así hizo MARCELO buscar cuidadosamente a todos los parientes que ARQUÍMEDES tenía en Siracusa, tratóles con distinción y les eximió de las contribuciones y obligaciones generales a los habitantes de una ciudad tomada por asalto. Finalmente, celebráronse con gran pompa las exequias de ARQUÍMEDES, y este fue enterrado solemnemente y cumpliendo las disposiciones que él había señalado en su testamento.

Capítulo 19

Mito, ciencia y poesía de los poliedros regulares

a) De Pitágoras a Alberti

Cuando se lee un poema cargado de alusiones mitológicas de poco conocimieno general, es práctica usual que el publicista crítico las glose en notas a pie de página. Ilustración muy pertinente, porque, lo mismo que el placer de contemplar un cuadro es mayor si, además de la perfección de la pintura, se conoce el argumento del tema pintado, y, lo mismo que agrada más un poema sinfónico si, además de las bellezas armónicas que escuchamos, se sabe su programa, así nos gratificará más la lectura de una poesía, cuanto se entienda o se intuya el significado de la bella dicción.

Pero no es nada frecuente que el glosador de un poema sea matemático, porque es igualmente insólito que el tema inspirador del poema se encuentre en nociones matemáticas. Mas aquí se presenta una excepción, con un soneto perfecto de ilustre poeta Rafael ALBERTI. La belleza del soneto será evidente a todos, pero su sentido quedará, probablemente, oculto a muchos, porque el conocimiento de la Geometría se exime hoy sin escándalo de la cultura general.

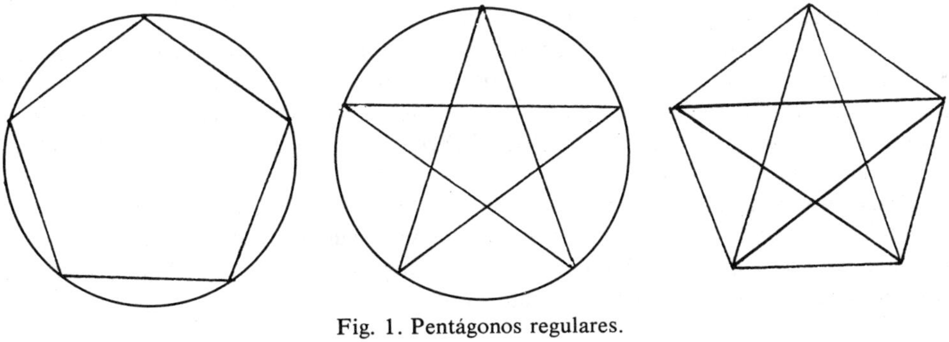

Fig. 1. Pentágonos regulares.

A LA DIVINA PROPORCIÓN

A tí, maravillosa disciplina,
media, extrema razón de la hermosura
que claramente acata la clausura
viva en la malla de tu ley divina.
A tí, cárcel feliz de la retina,
aúrea sección, celeste cuadratura,
misteriosa fontana de mesura
que el universo armónico origina.
A tí, mar de los sueños angulares,
flor de las cinco formas regulares,
dodecaedro azul, arco sonoro.
Luces por alas un compás ardiente.
Tu canto es una esfera transparente.
A tí, divina proporción de oro.

Este soneto cierra el *Proemio* a la obra de LUCA PACIOLI *La Divina Proporción* (publicada en 1509), en la edición de Losada, S. A., en Buenos Aires 1946. Intentaremos en lo que sigue traducir a matemáticas las frases del poeta.

b) El secreto de la estrella pitagórica

La escuela pitagórica, fundada a mediados del siglo VI, a. de C., se estableció en Crotona (sur de Italia: Magna Grecia). Su fundador PITÁGORAS de Samos es una figura semilegendaria, aunque de existencia histórica. Nada se conoce con certeza de su contribución efectiva a los descubrimientos de la escuela, que era, en último extremo, una sociedad secreta y muy selectiva. Fue destruida, posiblemente con su jefe, en diversas revueltas populares a principios del s. V a. de C.

El símbolo distintivo de los pitagóricos fue una estrella regular de cinco puntas. Un pentágono regular, estrellado o convexo, presenta en potencia un cúmulo de relaciones geométricas, que desveladas por los pitagóricos culminaron, como veremos, en el descubrimiento de una proporción notable, a la que siglos más tarde LUCA PACIOLI (1445-1514) calificaría de *divina*.

Consideremos una circunferencia dividida en cinco partes iguales. Si unimos de uno en uno por segmentos de recta los puntos de división resulta un pentágono regular convexo; si los unimos de dos en dos resulta un pentágono regular estrellado. Las diagonales del primero dibujan el segundo, naturalmente. (Fig. 1.)

Consideraremos ahora el modo en que se cortan dos diagonales de un pentágono. Se ve que la diagonal, a la que llamaremos *segmento total* queda dividida en dos partes, a las que llamamos *parte mayor* y *parte menor* (a este último también podíamos llamarle *parte restante*).

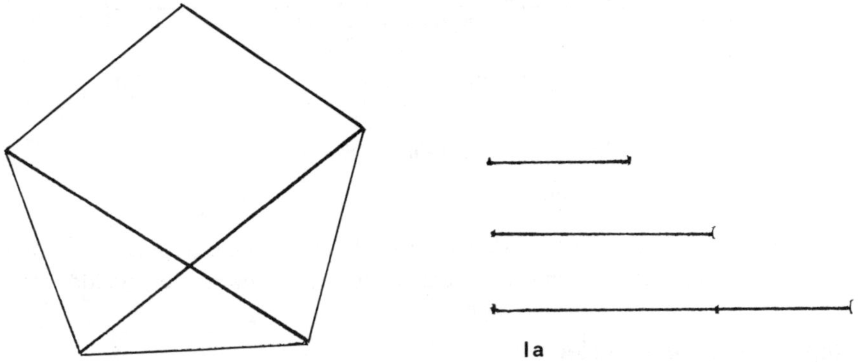

Fig. 2. Intersección de diagonales.

Un estudio atento de la figura formada llevó a los pitagóricos a descubrir la siguiente proporción:

$$\frac{\text{parte menor}}{\text{parte mayor}} = \frac{\text{parte mayor}}{\text{segmento total}}$$

A esta proporción la llamaremos, al modo pitagórico, *proporción áurea* (o de oro), y a la parte mayor le diremos *parte áurea* del segmento total. En dicha proporción está el germen del hallazgo con que los mismos pitagóricos deshicieron un fundamento de su filosofía. Tal fue el descubrimiento de los segmentos inconmensurables.

Los primeros pitagóricos defendían que toda la disposición del Cosmos, incluso la Música y las circunstancias humanas, estaba relacionado mediante números enteros. En particular, daban por cierto que la razón entre dos segmentos podía siempre igualarse a la razón entre dos números enteros (sus medidas con una misma unidad). Pero los mismos pitagóricos destruyeron esta cosmología cuando descubrieron que los segmentos implicados en la proporción áurea no cumplían esta condición (luego se vera por qué); *No* tienen medida común, y la razón de ambos *no* es un número racional.

Con nuestra actual manera de expresión, podemos escribir:

$$\text{parte áurea} = \text{segmento total} \times \frac{\sqrt{5} - 1}{2}$$

Al número

$$\frac{\sqrt{5} - 1}{2} = 0{,}618...$$

se le llama *número áureo.* Muchos textos lo indican con la letra Ω.

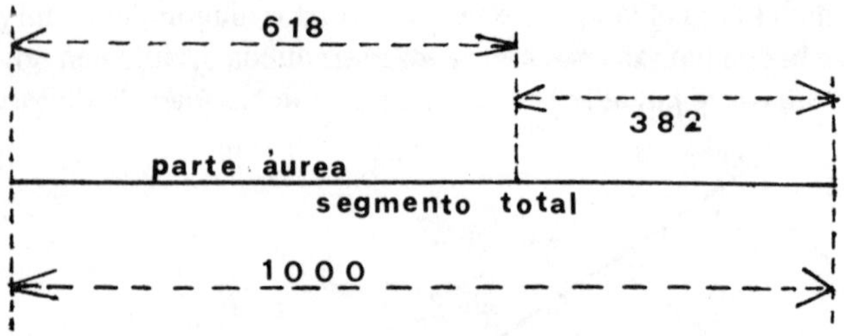

Fig. 3. Proporción áurea.

Con todo esto ¿nos estamos olvidando de explicar el soneto de ALBERTI? De ningún modo. Con lo dicho y un poco más que vamos a decir, resultará interpretado totalmente.

c) Media y extrema razón

En el siglo III a. de C. escribe EUCLIDES sus célebres *Elementos de Geometría.* En ellos (lib. 6, def. 4) se dice:

Una recta está dividida en media y extrema razón cuando la línea total es a la parte mayor como la parte mayor a la menor.

Se trata, pues, de la misma proporción antedicha (la que se produce al cortarse dos diagonales del pentágono) sin calificarla aquí de áurea ni divina, tal como corresponde al lenguaje escueto que tal libro ha impuesto para siempre como estilo matemático, sin derivaciones poéticas ni metafísicas. Sobre esto, enseña el insigne Eugenio D'ORS, que *los Elementos de EUCLIDES son una de las cimas de la dignidad humana: una expresión austera, concisa, pero en el fondo ¡qué pasión!* Esta observación dorsiana toma forma bellísima en el verso de ALBERTI:

Luces por alas un compás ardiente.

Con lo visto queda declarado cuál es el sujeto (ente de razón) por el que brindan el título y el último verso del soneto:

A ti, divina proporción de oro.

Nos falta describir alguna de las cualidades por las que se distingue a esta proporción con calificativos tan entusiastas.

d) Transferencia reiterada de la divina proporción

Sea *AB* un segmento dividido por *C* en media y extrema razón, y sea *AC* la parte áurea de *AB*. Se puede demostrar que la parte restante, *CB*, es a su vez la parte áurea de la anterior *AC*. En consecuencia, si llevamos *CB* sobre *CA*, en *CD*, el punto *D* divide en media y extrema razón AC. Por lo mismo, el resto AD es igual a la parte áurea de CD, y llevando aquél sobre éste, en DE, resulta DC dividido en la dicha media y extrema razón. Y así puede seguirse indefinidamente.

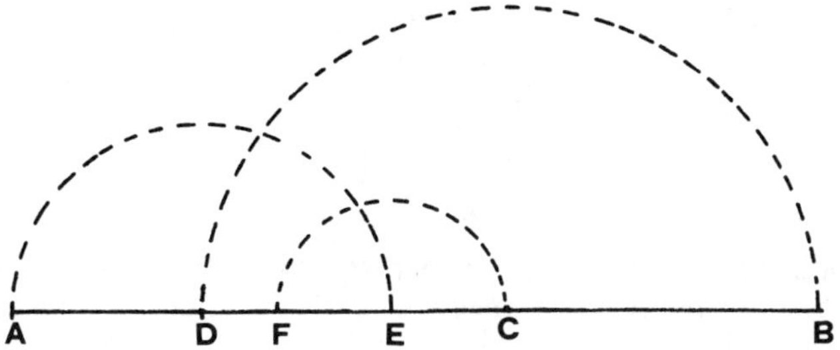

Fig. 4. Reiteración de la partición áurea: $AC : AB = CD : CA = DE : DC = ... = \Omega$.

Una consecuencia geométrica de lo antedicho es: Si a un rectángulo cuyas dimensiones están en áurea proporción, se le quita el cuadrado de lado en la menor, el rectángulo que resta es semejante al original. En este segundo rectángulo se puede repetir lo hecho en el primero, y así sale una sucesión de rectángulos decrecientes, todos semejantes, ligados por la divina proporción. Algunos pintores no figurativos y arquitectos han sacado provecho artístico de esta propiedad geométrica.

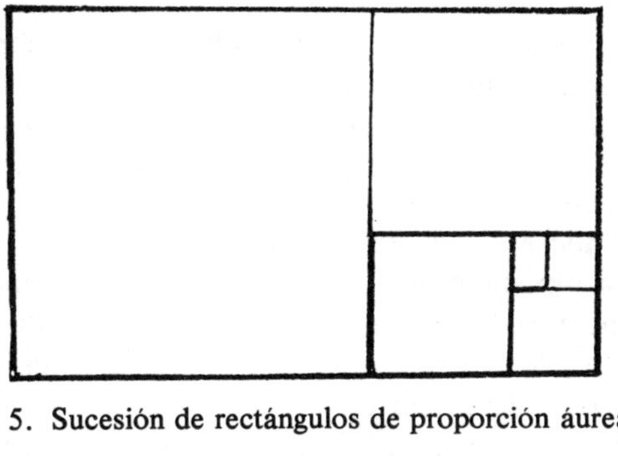

Fig. 5. Sucesión de rectángulos de proporción áurea.

Esta circunstancia tiene el feliz efecto de provocar su expresión poética, que sabe descubrir y describir,

media, extrema razón de la hermosura
que claramente acata la clausura
viva en la malla de tu ley divina.

Por otra parte, consecuencia aritmética de la reiteración explicada es que el número de oro no puede ser expresado como un número racional. Efectivamente, las medidas aproximadas de Ω,

$$\frac{1}{1+\frac{1}{1}},\quad \frac{1}{1+\frac{1}{1+\frac{1}{1}}},\ \ldots,\ \text{o sea,}\ \frac{1}{2},\ \frac{2}{3},\ \frac{3}{5},\ \frac{5}{8},\ \frac{8}{13},\ \ldots$$

se aproximan cada vez más al número de oro, pero nunca llegan a igualarle. Estas fracciones están formadas con términos consecutivos de la sucesión,

$$1, 2, 3, 5, 8, 13, \ldots$$

que forman la llamada sucesión de FIBONACCI (cada término es la suma de los dos que le preceden). No podemos mencionar aquí algunas de sus notables propiedades, porque nos desviaría demasiado de nuestro tema.

e) El más bello rectángulo

En las artes plásticas, principalmente en la escultura y la arquitectura, se llama *canon* al conjunto de relaciones entre las medidas de la obra creada.

Desde luego cada esteta puede crear su canon, acorde a su ideal de belleza. Así, en la escultura, tenemos el *canon de PRAXITELES,* donde la estatura total del cuerpo es igual a 8 cabezas, y también el *canon de LISIPO,* donde esta medida es de 7½ cabezas. En cada canon todas las distintas partes del cuerpo guardan proporciones determinadas. En realidad el aceptar un canon supone la idea de que existe un prototipo de belleza, una perfección objetiva, independiente de cualquier juicio particular. El arte actual de ninguna manera acepta ese postulado, por lo que hoy el estudio de los cánones no tiene trascendencia filosófica, aunque conserva interés didáctico e histórico.

Consideremos ahora la más sencilla figura del arte plástico, que es un rectángulo. Nos hacemos esta pregunta:

¿Cuáles son las proporciones de un rectángulo que tenga el aspecto más agradable posible?

Vamos a ensayar tomando como lados del rectángulo segmentos cuyas longitudes sean términos de la sucesión de FIBONACCI, y a tal fin los disponemos en fila y columna, como para construir la tabla pitagórica de multiplicar, ... y los *multiplicamos* (que no otra cosa es construir los rectángulos que los tienen por lados):

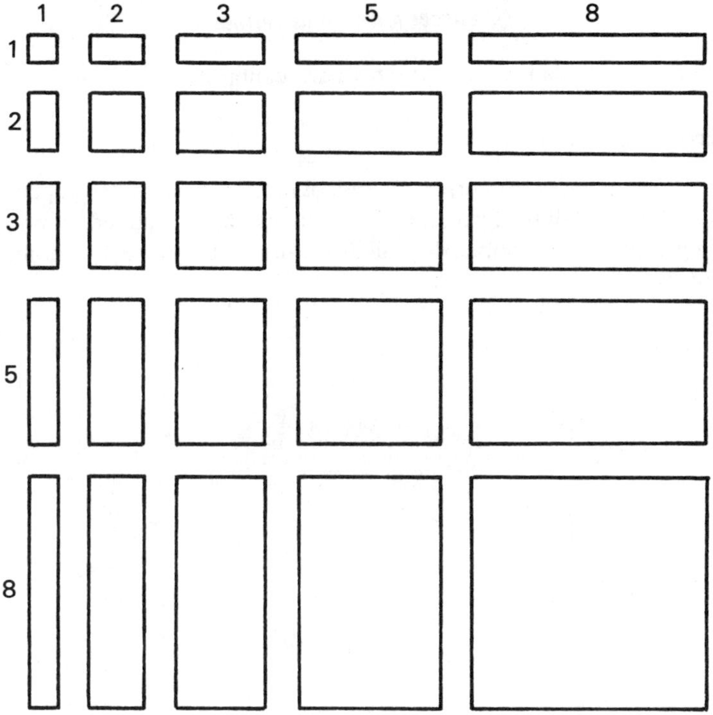

Fig. 6. Tabla de rectángulos de FIBONACCI.

En verdad resultan más gratos los rectángulos cuyos lados mejor se aproximan a la proporción áurea. Para Luca PACIOLI no habría duda en esto: *El rectángulo más perfecto es aquel cuyas dos dimensiones guardan la divina proporción.*

Los artistas clásicos y los renacentistas eran apasionados investigadores del canon. En los clásicos, todos los cánones se expresan con relaciones racionales. Es en el Renacimiento cuando se introduce con fuerza el canon artístico definido por el número áureo, que es un número irracional. Y esto lo impone más la especulación mental que los sentidos, pues la vista no es capaz de distinguir diferencias tan sutiles. Por ejemplo, un tratadista en el Renacimiento italiano escribe: «El ombligo divide en media y extrema razón la longitud total del cuerpo humano, siendo la distancia del ombligo a los pies la parte áurea de la altura.» Si se hubiese dicho que la distancia de los pies al ombligo es 13/21 de la altura total, la diferencia en la realización plástica del canon sería inapreciable. Como quiera que sea, la proporción divina en este canon vuelve a justificarla

media, extrema razón de la hermosura.

y en

cárcel feliz de la retina.

Pero hay todavía motivos más importantes para cantarla.

f) Poliedros regulares

Los poliedros regulares (o cuerpos platónicos) son sólidos limitados por caras que son polígonos regulares iguales y forman en los vértices ángulos poliedros también iguales.

Sólo son posibles cinco formas de poliedro regular, cuyo aspecto y nombre se recuerdan en la figura 7.

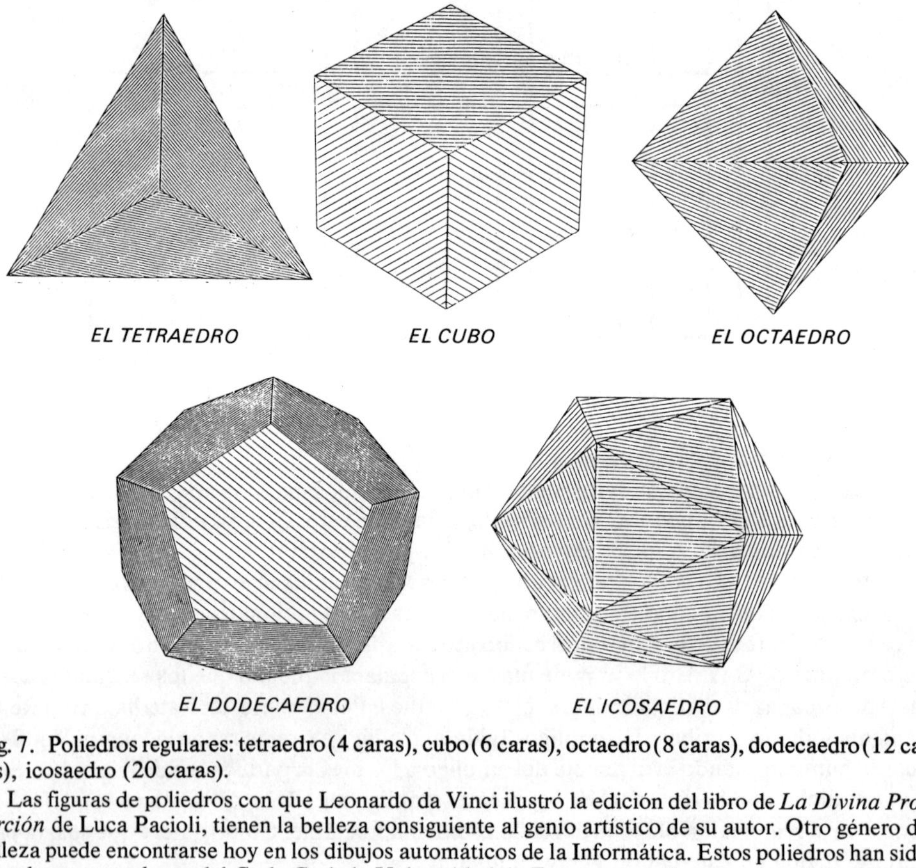

Fig. 7. Poliedros regulares: tetraedro (4 caras), cubo (6 caras), octaedro (8 caras), dodecaedro (12 caras), icosaedro (20 caras).

Las figuras de poliedros con que Leonardo da Vinci ilustró la edición del libro de *La Divina Proporción* de Luca Pacioli, tienen la belleza consiguiente al genio artístico de su autor. Otro género de belleza puede encontrarse hoy en los dibujos automáticos de la Informática. Estos poliedros han sido trazados por un *plotter* del C. de C. de la Universidad de Zaragoza, según programa elaborado por María Teresa Muñoz.

Es evidente que el pentágono (donde hemos visto que florece espontánea la divina proporción) juega un papel especial en la constitución del dodecaedro. A su vez el dodecaedro tiene en relación con los otros poliedros regulares una particularidad notable: es el único poliedro que puede encarcelar a los otros cuatro, es decir, que les admite inscritos, como se verá. De modo que la divina proporción viene a resultar

flor de las cinco formas regulares.

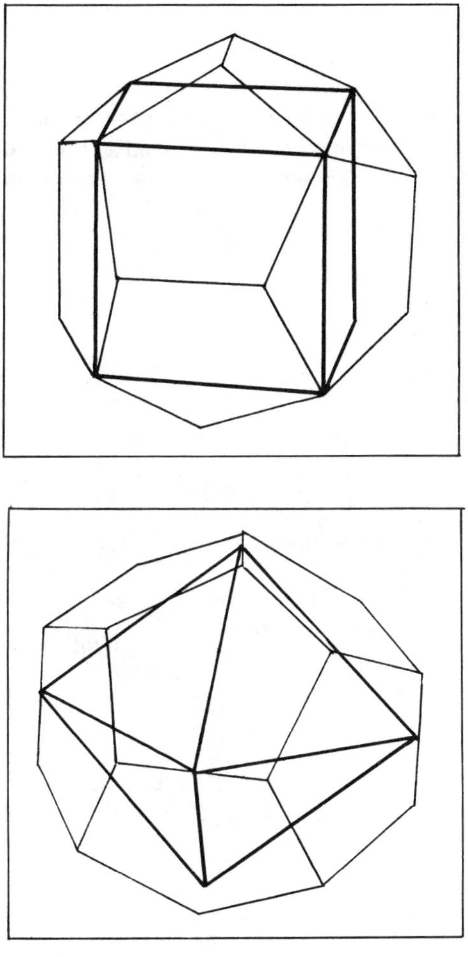

Fig. 8. En el dodecaedro se pueden inscribir las otras cuatro formas regulares.

Cuenta la leyenda que al pitagórico HIPASSO le hicieron morir ahogado sus compañeros de secta por haber comunicado a personas ajenas a la escuela la existencia del dodecaedro regular, y por haberse atribuido su descubrimiento. Salvado este primer momento terrible (si ello fuera cierto), todo lo que se refiere a este poliedro es sorprendentemente hermoso.

Atendamos primero a la inscripción en el dodecaedro de los otros cuatro poliedros, según la figura 8 la muestra con suficiente claridad. La imaginación poética de PLATÓN pronto daría una interpretación cosmológica a estas figuras.

g) Cosmología

Se sabe que PLATÓN en su *Timeo* atribuye a estos poliedros la representación de los cuatro elementos de la naturaleza: A la tierra atribuyó el cubo, al fuego el tetraedro, al aire el octaedro y al agua el icosaedro. Al dodecaedro en fin, por la particularidad apuntada de encerrar en sí potencialmente a los otros poliedros, le atribuye la quinta esencia o virtud celeste que sustenta en su ser a todos los demás. Tal vez este mismo significado cósmico tiene el dodecaedro con que Salvador DALÍ envuelve su composición pictórica de *La última cena*.

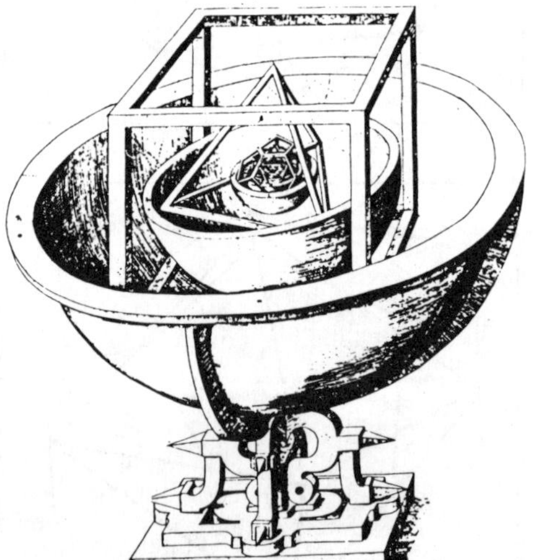

Fig. 9. JOHANNES KEPLER (1571-1630), descubridor de las leyes del movimiento planetario, había ideado una distribución de las distancias de los planetas al Sol, de acuerdo a un ideal neoplatónico. Tuvo que abandonar la idea, cuando llegó a establecer que las órbitas planetarias son elípticas y no circulares.

Los poliedros regulares intervienen también en otra composición poderosa, pero más soñada que calculada, en que el insigne astrónomo KEPLER distribuyó las esferas de los planetas, y esto es así: En la esfera de Saturno se inscribe un cubo; inscrita en él está la esfera de Júpiter; en ésta se incribe un tetraedro que circunscribe la esfera de Marte; y luego, en dirección al Sol encontramos sucesivamente el dodecaedro, el icosaedro y el octaedro que circunscriben las esferas de la Tierra, Venus y Mercurio. A esta visión puede añadirse la *música de las esferas,* que muchos siglos antes escuchaba PITÁGORAS en el silencio de la noche.

Con esto y aquello tenemos ya situado al dodecaedro en la mística astrología de los cielos,

Dodecaedro azul, arco sonoro,

y con él, naturalmente, a la sección áurea,

misteriosa fontana de mesura
que el universo armónico origina,
. . . .
Tu canto es una esfera transparente.

h) Ángulos y polígonos construibles

En lo que hemos explicado hasta ahora apenas se han mencionado ángulos notables. Sin embargo, el soneto estudiado los considera explícitamente, al iniciar los tercetos:

A ti, mar de los sueños angulares.

Realmente *la construcción del pentágono puede plantearse en términos de ángulos,* y la construcción del eptágono también, siendo por mucho tiempo este último problema, no un sueño, sino un quitasueños de muchos geómetras.

Tracemos el triángulo isósceles del pentágono, esto es, que tiene por vértice uno de los del pentágono y por base el lado opuesto. El ángulo en el vértice vale 1/10 de circunferencia, luego, entre los otros dos vale 4/10, esto es: *cada ángulo en la base es doble del ángulo en el vértice.*

Un triángulo con estas condiciones se puede construir geométricamente (es decir, con regla y compás), así que el pentágono regular también es construible, cosa que ya sabíamos.

Pasemos ahora a considerar el triángulo del eptágono, cuya base subtiende 1/7 de circunferencia, así que el ángulo del vértice es 1/7 de dos rectos, y los de la base 3/7. La construcción del eptágono regular equivale, pues, al siguiente problema: *Construir un triángulo isósceles que tenga los ángulos de la base triple del ángulo en el vértice.*

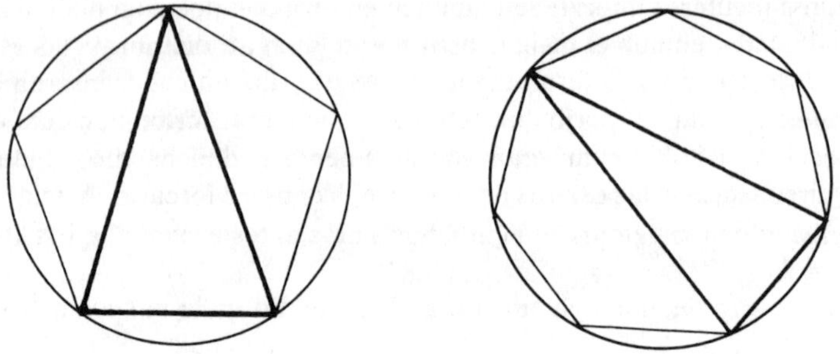

Pentágono Eptágono

Fig. 10. Triángulo de los polígonos regulares pentágono y eptágono.

Éste es uno de los problemas que debe considerarse en la nómina de los imposibles geométricos, como los de la duplicación del cubo, la trisección del ángulo y tantos otros. Pero el eptágono no tiene nada que ver con nuestros poliedros. Al cielo pitagórico pertenece, sí, el triángulo del ángulo doble mencionado, y con él el pentágono, pero no tiene entrada el de ángulo triple.

Terminemos aquí la glosa del soneto, porque en algún punto hay que terminarla. Los conceptos y los versos que se han ido viendo por partes, mírense ahora en conjunto para deleite de la razón. También dejamos sin decir muchas maravillosas propiedades de los poliedros regulares, que han llevado siempre consigo la atención de los matemáticos. Como ocurre hoy mismo, cuando son apoyo indispensable de la Teoría de grupos y sus aplicaciones al Álgebra y a la Topología.

i) Nota importante y final

La interpretación de cualquier poema resulta siempre algo muy subjetivo. Cuando este glosador dice lo que ha leído en el verso, de ninguna manera afirma que sea eso precisamente lo que ha querido decir el autor. Precisión que nunca se debe pedir al poeta, so pena de caer en gran impertinencia.

Capítulo 20

Aforismos matemáticos de Leonardo da Vinci

Como era de esperar en el genio universal de LEONARDO DA VINCI, las alusiones a las Matemáticas son frecuentes en sus escritos, aun en los de tema no propiamente matemático y mecánico donde, naturalmente, la materia tratada es matemática de por sí. En el *Tratado de la pintura,* por ejemplo, encontramos entre otros los siguientes aforismos (numeración de la edición Austral):

6. Que las figuras y colores, que toda clase de partes del Universo, queden reducidas a un punto: ¡Qué maravilla este punto!... Los puntos están en potencia aun cuando se unan —suponiendo que puedan unirse— y no comprenden parte alguna de superficie. Aunque tú te imagines un todo compuesto de mil puntos constituyendo mil partes de la cantidad total, yo puedo decirte que cada parte será igual a su todo; ... el cero en sí no vale nada; todos los nadas del universo juntos son igual a un solo nada en cuanto a su sustancia y a su existencia.
(*Nota.* Se transparenta aquí la reflexión acerca de los problemas implicados en la consideración de los conjuntos infinitos. Cfr. con pág. 90, c).

7. Ninguna investigación merece el nombre de ciencia si no pasa por la demostración matemática...

8. ...Las ciencias verdaderas son aquéllas que la experiencia hace penetrar por los sentidos y que imponen silencio a la lengua de los argumentadores, ..., como ocurre en las matemáticas.

28. La mecánica es el paraíso de las ciencias matemáticas, porque con ella se llega al fruto matemático.

34. Aquel que denigra la soberana certeza de la matemática se nutre de confusión y no podrá jamás reducir a silencio las contradicciones de las ciencias sofísticas, en las que reina la eterna vocinglería.

37. ¿Quién negará que dos veces tres son seis y no son más ni menos? ¿Quién que los ángulos de un triángulo equivalen a dos rectos? Toda argucia queda en estas ocasiones reducida a silencio, cosa que no puede acontecer con las ciencias mentales engañosas.

38. Las ciencias imitables son aquellas en las cuales el discípulo se hace igual que el autor, y da, como él, su fruto. Son útiles para quien las imita, pero no iguales en excelencia a aquellas ciencias que no puede heredar nadie. Entre las ciencias inimitables, la pintura es la primera; no puede ser enseñada al que no haya sido antes dotado por Natura, inversamente de lo que con la matemática acontece, ya que en ésta recibe el alumno tanto cuanto el maestro le aporta. (Se hace difícil compartir esta opinión de LEONARDO. La experiencia le es bien contraria.)

39. El pintor necesita de la matemática concerniente a su arte; que se aparte de los compañeros que no tengan tales estudios...

124. Entre los estudios de las causas y razones naturales tiene preferencia, por sus muchos adeptos, la perspectiva; entre las grandes cosas matemáticas, la certidumbre de la demostración regocija, muy especialmente, el espíritu de los investigadores...

Así, a semejanza de PLATÓN, sin ser específicamente un matemático original, contribuyó LEONARDO decisivamente a destacar la dignidad intelectual de la matemática, más que aportarle novedades. Pero, a diferencia de PLATÓN, se ocupó LEONARDO muy intensamente de las aplicaciones y de los instrumentos prácticos, y así se le deben, por ejemplo, el compás de proporciones y los de trazar parábolas y elipses. También pueden mencionarse sus espléndidos dibujos geométricos, como los que ilustraron la obra de su amigo LUCA PACIOLI, y sus investigaciones sobre centros de gravedad de figuras geométricas.

Capítulo 21

Desafíos aritméticos

a) De Pisa a Méjico (pasando por España)

Para este recordatorio del primer libro de Aritmética impreso en América, parece conveniente un pequeño proemio, ilustrativo de los antecedentes del problema que nos lo ha hecho recordar.

La dominación árabe en Sicilia, culturalmente muy tolerante, terminó en 1092. También la subsiguiente dominación cristiano normanda fue tolerante en extremo, tanto que la corte en Palermo tenía más bien el aspecto de una corte árabe, en paralelo con lo que por tiempo estaba sucediendo en España, concretamente en Toledo. De esta corte en Sicilia, el rey más notable para la historia científica y política medieval fue FEDERICO II (1194-1250), rey de Sicilia desde 1218, emperador de Alemania desde 1212 y rey de Jerusalén en 1249.

En una estancia circunstancial de la corte de FEDERICO II en Pisa, le fue presentado el que ahora es reconocido como principal matemático medieval, esto es, LEONARDO FIBONACCI, más conocido como LEONARDO DE PISA. Con esta ocasión se vio envuelto en una especie de torneo con JUAN DE PALERMO, el filósofo de aquella corte, el cual le desafió a resolver la siguiente cuestión:

Encontrar un número cuadrado tal que, quitándole cinco, o sumándole cinco, los resultados sean también números cuadrados.

Este problema diofántico pondría desde luego en dificultades a un estudioso de hoy, no especialista de la teoría de los números. Anticipemos la solución, que hará entender mejor el problema y los comentarios subsiguientes. El número buscado es $\left(3\ \frac{5}{15}\right)^2$, pues, efectivamente,

$$\left(3\ \frac{5}{12}\right)^2 + 5 = \left(4\ \frac{1}{12}\right)^2$$

$$\left(3\ \frac{5}{12}\right)^2 - 5 = \left(2\ \frac{7}{12}\right)^2$$

Esta solución la publicó Fibonacci en un libro dedicado a Federico II, titulado *Liber quadratorum* (esto es, *Libro de los números cuadrados*), publicado en 1225. En este libro se demuestran XX proposiciones relativas a los números cuadrados, de las cuales la XIV da la solución a la cuestión propuesta por Juan de Palermo. (Está traducido al francés con valiosas notas aclaratorias de P. Ver Eecke. Ed. Desclée de B. Bruges. 1952, que utilizamos en este artículo.)

Los resultados de Fibonacci permiten a los aritméticos posteriores abordar cuestiones análogas, como se dirá.

Notemos primero que el problema de Juan de Palermo no está puesto caprichosamente. Si en vez de decir 5, hubiese dicho 1, 2, 3 ó 4, el problema no tendría solución. Para quienes piensen que un problema interesante puede plantearse dando unos números y pidiendo otros, de un modo caprichoso, puede valer este aforismo, formulado en otro contexto por el gran matemático G. Cantor:

En Matemática es cuestión más ardua plantear un buen problema que resolverlo.

Veamos ahora algo notable relativo a poner 6 en vez de 5 en el antedicho enunciado. Entonces, el problema también tiene solución, la siguiente:

$$\left(2\ \frac{1}{2}\right)^2 + 6 = \left(3\ \frac{1}{2}\right)^2$$

$$\left(2\ \frac{1}{2}\right)^2 - 6 = \left(\frac{1}{2}\right)^2$$

Y es muy digno de señalarse que esta solución de este problema se encuentra impresa en *la primera obra de Matemáticas publicada en el Nuevo Mundo.* Se trata de la Aritmética publicada en Nueva-España (Méjico) en 1556 por Juan Diez, compañero de Hernán Cortés en la conquista, titulado *Sumario Compendioso.* Hay una reimpresión de este libro, texto español en facsímil y traducción inglesa por David E. Smith, Boston y Londres, 1921. Es de creer que Méjico esté justamente orgulloso de esta primacía editorial matemática. Como esta publicación demuestra que no eran los acompañantes de Cortés los sólo incultos y rapaces sanguinarios que nos cuenta la leyenda negra, no estaría mal que en el *Palacio de Cortés* de Méjico, además de los agresivos frescos de Diego Rivera, se mostrase algún ejemplar del *Sumario Compendioso,* aunque fuese en edición facsímil.

Volviendo al problema primero, si JUAN DE PALERMO hubiese propuesto adicionar y sustraer siete, en vez de 5, también hubiese podido darse solución al problema:

$$\left(2\frac{97}{120}\right)^2 + 7 = \left(3\frac{103}{120}\right)^2$$

$$\left(2\frac{97}{120}\right)^2 - 7 = \left(\frac{113}{120}\right)^2$$

b) Desafíos aritméticos entre los grandes

Muchos grandes matemáticos del siglo XVII se apasionaron extraordinariamente en las cuestiones más abstrusas de las relaciones numéricas. También se cruzaban entre ellos desafíos, a veces con premios en metálico a costa del retador. Otras veces por puro juego y gusto en la competición. Frecuentemente se tomaba por árbitro de estos desafíos al Padre Marín MERSENNE (1588-1648), que era, él también, un aritmético muy distinguido.

Pierre de FERMAT (1601-1665), el aritmético más genial de su siglo, le comunicaba en carta al P. MERSENNE, en 1640, algunas propiedades de los números de la forma $2^n - 1$. En particular establecía la descomposición factorial del número

$$2^{37} - 1 = 137.438.953.471 = 223 \times 616.318.177.$$

Hemos traído aquí esta referencia porque la mencionaremos para lo siguiente.

Como muestra de los desafíos epistolares mencionados, he aquí la cuestión que en 1643 el P. MERSENNE le propuso a FERMAT. Comparar con la suma de sus divisores propios el número

$$\begin{aligned} n = {} & 214.748.364.800.000 \times 11 \times 19 \times 43 \times 61 \times 83 \times 169 \times 223 \\ & \times 331 \times 379 \times 601 \times 757 \times 961 \times 1.201 \times 7.019 \times 823.543 \\ & \times 616.318.177 \times 6.561 \times 100.895.598.169 \end{aligned}$$

y además, decidir si el último factor es primo o no, y dar un método para descubrir, en el tiempo de un día, si es primo o compuesto.

FERMAT le contestó sin demora que el número propuesto, n, era igual a la quinta parte de la suma de sus divisores (sin contarle a él mismo), y que

$$100.895.598.169 = 112.303 \times 898.423,$$

y que estos dos factores eran primos.

No se sabe bien como pudo alcanzar FERMAT esta respuesta. La reconstrucción más aproximadamente probable es del matemático e historiador Paul TANNERY (1843-1904), quien utilizaba en su conjetura el resultado de FERMAT en su carta anteriormente citada. (Pueden verse más detalles de esta cuestión en A. FERRIER, *Les nombres premiers.* Ed. Vuibert.)

ESCOLIO. Generalmente todo lo que un matemático demuestre y proponga como desafío, otro matemático será capaz de demostrarlo. Más misterio tienen otras cuestiones que la Aritmética ha planteado en su propio devenir, y que nadie consigue contestar. Por ejemplo: Números *perfectos* se llama a los que son iguales a la suma de sus divisores. Todos los perfectos que se conocen, 6, 28, ..., etc., son pares. He aquí ahora dos preguntas de la Aritmética que todavía no han encontrado respuesta:

¿Hay números perfectos impares?

¿Hay infinitos números perfectos?

Por otra parte, se tiene la siguiente hipótesis

CONJETURA DE GOLDBACH (o de Waring, 1782). *Todo número par es suma de dos números primos.*

Esto ha sido comprobado hasta números muy grandes, pero no demostrado. De este modo, la Aritmética ofrece numerosas cuestiones de enunciado sencillo cuya respuesta desafía a los aritméticos desde hace siglos.

Capítulo 22

Metodología según circunstancias

a) Lección para rústicos

He aquí una graciosa explicación de Matemática Comercial que encontramos en un cuento de don José María de Pereda. La situación es ésta: Blas y Paula, matrimonio aldeano, heredan 30 000 duros, y estando acostumbrados a contar únicamente por reales, y pocos, acuden a don Canuto, maestro del pueblo, para que les dé una idea de la importancia de su fortuna:

«Don Canuto (...), con el tono más melifluo y acompasado que pudo, habló lo siguiente:

»—Hame dicho el señor don Blas que asciende la herencia de ustedes a la respetabilísima cantidad de treinta mil duros. Apúntolos, pues. Para reducirlos a reales, los multiplico por veinte o, lo que es lo mismo, por dos, añadiendo un cero a la derecha del producto que esta multiplicación arroje. Tenemos, pues, que los treinta mil duros son lo mismo que seiscientos mil reales.

»—¡Echa reales! —dijo Blas sobándose las manos.

»—¡María Santísima! —exclamó Paula mordiéndose los puños.

»—También me ha dicho don Blas —continuó don Canuto— que esa suma está invertida en América, según reza el testamento, en fincas y empresas a cargo de un apoderado del testador, que cuidará en lo sucesivo de remitir a ustedes los productos de dicho capital, o el capital mismo si ustedes lo desean. ¿No es esto lo que usted me ha dicho, señor don Blas?

»—Hombre, precisamente eso mesmo, no; pero eso es lo que he querío decir.

»—Tanto monta.

»—Pero, señor don Canuto —exclamó Paula con impaciencia—, lo que nosotros queremos saber es cuánto nos corresponde cada día al respective de esa barbaridá de dinero.

»—A eso vamos, señora mía. Suponiendo que el capital produzca un seis por ciento, rédito que me parece muy conforme con la ley de Dios, ganará en todo un año... ¿Por qué método quieren ustedes que hagamos este cálculo? Tenemos dos: uno que consiste en establecer la siguiente proporción: ciento es a capital como tanto es a interés, y despejar luego la incógnita, que en el caso presente es el interés, según las reglas establecidas por los autores; y otro, que llamamos abreviado, consiste en...

»—Déjeme usted de esas andróminas, señor don Canuto —interrumpió Paula ya quemada—, y sáqueme usted pronto el montante del dinero, aunque lo saque por el satanincas o por el diaño que cargue con usted y con esta calma condená que se le pasea por los gañotes.

»Don Canuto bajó la cabeza un si es no es contrariado en su alarde de erudición con la andanada de Paula, y comenzó a hacer números con mucho pulso sobre el papel (...). Al cabo de un cuarto de hora levantó el maestro la cabeza (...) y dijo a los herederos, que seguían delante de él y mirándole sin pestañear:

»—Importan anualmente los réditos del caudal, al seis por ciento, según hemos convenido, treinta y seis mil reales, que divididos entre trescientos sesenta y cinco días que tiene el año, proporcionan a ustedes un diario de noventa y ocho reales y veinte maravedíes, salvo error de pluma o suma.

»—Y ¿qué es eso de diario, señor maestro? —preguntó Paula.

»—Diario, señora mía, es lo mismo que si dijéramos todos los días; más claro: cada veinticuatro horas tienen ustedes una renta de noventa y ocho reales y veinte maravedíes.

»—¡Caraile!; yo creía que nos correspondía más (...).

»—Pero, señores, reparen ustedes que ese diario procede solamente de las rentas del capital, que siempre queda entero y de ustedes.

»—¡Ahhh! —exclamaron respirando con placer los dos bolonios herederos.

»—El capital es, como quien dice, una fuente que da cada veinticuatro horas, para ustedes que son dueños de ella, noventa y ocho reales y medio. Claro está que si ustedes no se satisfacen con lo que la fuente mana espontáneamente, pueden acudir al depósito, zambullir en él la cabeza y darse un atracón hasta que revienten o hasta que la agoten; resolución que yo no aprobaría, pues esta clase de fuentes, una vez secas, ya no vuelven a dar, por lo general, una mala gota.

»—Aguárdese usté, y perdone —dijo Paula de repente, cogiendo al maestro por las solapas del chaquetón—. Pinto el caso de que yo tengo una vaca; la ordeño un día, y me echa en la zapita noventa y ocho reales y medio; la ordeño otro día, y me da otro tanto, y todos los días lo mesmo: esta vaca nunca se seca, y además la vaca es mía. ¿No es así el aquel de la herencia?

»—Cabalito —respondió el maestro (...)—. Y con esto no canso más. Terminada mi misión entre ustedes, déjoles entregados a sus risueños cálculos y vuélvome a buscar a mi dulce amigo, el estudio, que me espera en la lobreguez de mi paupérrima morada. He dicho, y soy de ustedes afectísimo seguro y agradecido servidor que sus pies y manos besa respectivamente.»

(Jose María de Pereda, *Para ser buen arriero.*)

b) Demostración para duques

La certeza de las proposiciones matemáticas viene de que son demostradas. Los métodos de demostración son variados: por inducción, por reducción del absurdo, por análisis, ... No todos los métodos satisfacen a todos los matemáticos del mismo modo. Aquí mencionaremos un método que fue satisfactorio para el Duque de ANGULEMA. Pero conviene antes decir algo acerca del personaje al que vamos a referirnos.

Luis Antonio de BOURBON, Duque d'ANGOULEME (1775-1844), era el primogénito de CARLOS X de Francia. Alejandro DUMAS lo hace pasar un momento por sus *Memorias,* al relatar cierta gestión de Victor HUGO en Palacio. Y lo que DUMAS dice es lo siguiente:

> «Hablaba HUGO con MICHAUD, cuando se abrieron las dos puertas y se anunció a su Alteza Real el Delfín.
>
> HUGO no había visto nunca de cerca a aquel por el cual había querido que se levantase el Arco de Triunfo, a fin de
>
> *que el gigante de nuestra gloria*
> *pudiese pasar sin agacharse.*
>
> Vio HUGO aparecer algo como un mono, menos la gracia; una especie de momia de rostro atormentado por un movimiento continuo, que atravesó la sala respondiendo a todos los saludos, a todos los homenajes, con un gruñido solo en el que era imposible distinguir una sola palabra articulada.
>
> ¡Era el vencedor del Trocadero! ¡El pacificador de España!»

Sigue DUMAS con el retrato, pero ya es suficiente. El apelativo de pacificador de España le viene ¡ay!, porque él figuraba al frente de la Expedición de los Cien Mil Hijos de San Luis que en 1823 vino a España en ayuda a FERNANDO VII. Años más tarde, en 1830, firmó el de ANGULEMA con su real padre una abdicación en favor del Duque de BURDEOS.

Y ahora viene la anécdota anunciada, según la cuenta A. REBIERE (en *Mathematiques et Mathematiciens,* pág. 143).

> «Cuando en pasados tiempos el Duque D'ANGOULEME fue nombrado *grand-maitre* de la Marina francesa, se vino a saber con estupor, que apenas sabía contar. Inmediatamente el más célebre geómetra de Francia [¿A. CAUCHY quizá?] fue enviado a instruirle en *la Matemática,* como se decía entonces. Pero era vano todo intento de enseñar a su augusto discípulo los principios más elementales. Éste lo escuchaba todo con exquisita educación, pero movía la cabeza con un aire de dulce y amable incredulidad. Un día, al final de su argumentación el pobre maestro se lamentó:
>
> —Señor, ¡yo os doy mi palabra de honor!
>
> El Duque se inclinó cortésmente y contestó:
>
> —¡Qué no lo hubieseis dicho antes!... Señor: jamás, nunca más, me permitiré dudarlo.»

Y si bien no hay noticia de que ese método demostrativo haya vuelto a emplearse, el hecho de que funcionase una vez justifica el recordarlo a veces.

c) Apunte cervantino de didáctica matemática

En la novela *El curioso impertinente* intercalada en la Primera parte del Quijote (Capítulo XXXIII), se expresan una ideas acerca del valor probatorio de las Matemáticas y del modo de hacerlas patentes, que se prestan a un comentario profesional.

El personaje Lotario lucha por convencer a su amigo Anselmo de lo desatinado de la acción que éste proyecta. Y viéndolo impermeable a todo razonamiento sensato, le compara con los moros, en cuanto considerarles como personas indiferentes a razones que se traten con «especulaciones del entendimiento». Se alude, pues, a cierta inmadurez intelectual, que Cervantes atribuye a un grupo humano, pero que también, sin duda, se presenta exactamente en los niños. De modo que, al copiar estos fragmentos del discurso de Lotario, vamos a sustituir la palabra *moros* por la palabra *niños:* todo el párrafo conserva su validez, y queda así más patente el valor didáctico que encierra.

> »Paréceme, oh Anselmo, que tienes tú ahora el ingenio como el que siempre tienen los niños, a los cuales no se les puede hacer entender // con razones que consistan en especulación del entendimiento //, sino que se les han de traer ejemplos palpables, fáciles, inteligibles, demostrativos, indubitables, con demostraciones matemáticas que no se pueden negar. Como cuando dicen: "Si de dos partes iguales quitamos partes iguales, las que quedan también son iguales". Y cuando esto no entiendan de palabra, como en efecto no lo entienden, háseles de mostrar con las manos, y ponérselo delante de los ojos...»

Este párrafo debiéramos meditarlo todos los que nos ocupamos en enseñar Matemáticas a los niños. No sé si en algún otro lugar empleará CERVANTES cinco adjetivos seguidos en la oración, pero aquí es asombrosa la precisión y exactitud con que califican las condiciones de una buena (pedagógicamente) demostración matemática. Darle al niño ejemplos *palpables, fáciles, inteligibles, demostrativos, indubitables...* con todo lo que sigue.

Por ejemplo: a todos los niños se les ha enseñado, que *la suma de los tres ángulos de un triángulo es igual a dos rectos.* Sin embargo, no a todos para «mostrárselo con las manos y ponérselo ante los ojos» se les hace una experiencia tan sencilla como cortar un triángulo de papel y partirlo en las tres esquinas para sumar materialmente los ángulos.

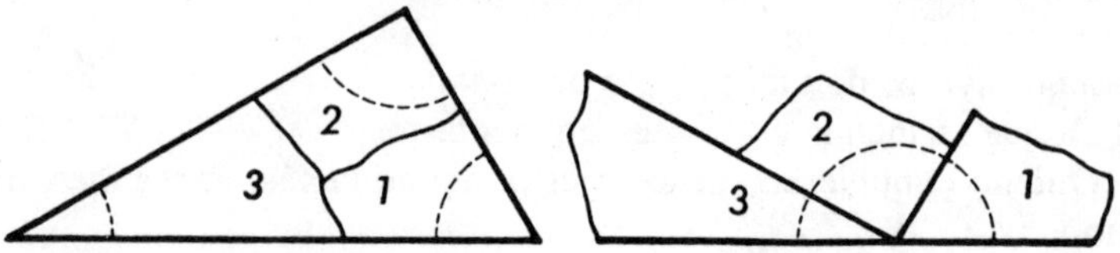

Esto se fija en la memoria y en la comprensión, antes y mejor que la demostración euclídea. Demostración, por cierto, *imprescindible* y bellísima, aunque no tan urgente y exclusiva que deba anticiparse a lo hecho.

Lo mismo puede decirse en lo relativo a la suma de los ángulos de un triedro. No debiera escamotearse la justificación intuitiva e inmediata del resultado, cuya demostración «rigurosa» es bastante complicada.

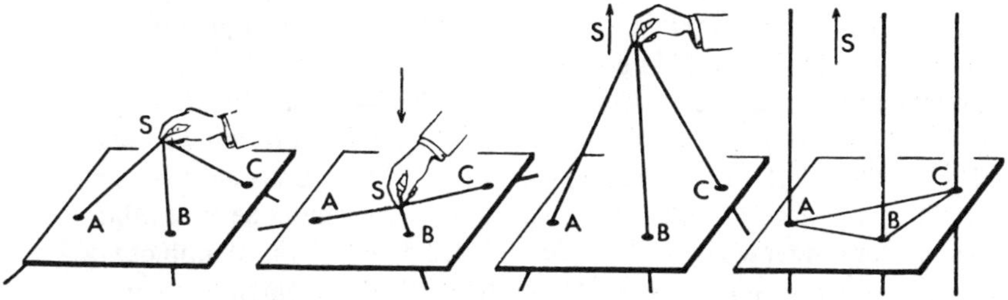

Materialicemos el triedro con tres varillas, con un extremo común S, y que atraviesan tres agujeros, A, B, C, de una tabla. Con esto comprenderemos inmediatamente algunas propiedades, que más adelante demostraremos racionalmente.

Si acercamos S a la tabla, el triedro se aplasta, sus diedros se abren. En el caso extremo, cuando S llegue a la tabla, el triedro es un plano, cada diedro vale dos rectos, y entre los tres ángulos del triedro sumarán seis rectos. Al levantarse S, los diedros se cierran y su suma disminuye. Por lo tanto:

I. *La suma de dos ángulos de un triedro es inferior a seis rectos.*

Imaginemos S tan lejos que las tres varillas sean casi perpendiculares a la tabla; entonces los ángulos del triángulo ABC miden los ángulos diedros del triedro (cuyas aristas se habrán convertido en paralelas como caso límite del alejamiento de S). Pero entonces esta suma vale dos rectos. Por lo tanto:

II. *La suma de los ángulos de un triedro es superior a dos rectos.*

Resumiendo estas dos propiedades se dirá:

La suma de los ángulos de un triedro está comprendida entre dos y seis rectos.

d) Un fraude histórico

El ilustre geómetra francés MICHEL CHASLES (1793-1880), fue uno de los más importantes forjadores de la que en su tiempo se llamó *Geometría moderna.* Y fue, además, un historiador importante de la Matemática. Su obra capital en este campo es *Aperçu historique sur l'origine et le developpement des méthodes en Geometrie,* que todavía hoy se consulta con provecho. Otra de sus obras importantes es una reconstrucción del libro de *Porismas* de EUCLIDES, a partir de los comentarios de PAPPUS (empresa tan ardua como reconstruir, partiendo de un hueso, el esqueleto de un animal extinguido; del libro de Porismas hay diversas reconstrucciones, no demasiado concordes). Aparte estos importantes trabajos de investigación histórico matemática, cuentan en el haber de CHASLES multitud de memorias de creación original, que le merecieron ser miembro de la Academia de Ciencias de París desde 1851, y finalmente Secretario Perpetuo de la misma.

En julio de 1867, cuando CHASLES tenía 74 años de edad, presentó a la Academia de Ciencias de París, algunos documentos de los que se deducía que la ley de la gravitación universal era conocida por BLAS PASCAL, quien, en opinión de CHASLES, desde los 13 años de edad se preocupaba del problema de la atracción de los cuerpos. Para sostener esto, presentaba CHASLES dos cartas de PASCAL al físico inglés BOYLE y unas notas, también de PASCAL, en las que se hace referencia a las masas de Júpiter, Saturno, la Tierra y el Sol.

En las sesiones sucesivas, DUHAMEL, LE VERRIER, y otros, opusieron razones astronómicas por las que parecía casi imposible este descubrimiento de PASCAL, que resultaba anterior, por ejemplo, a la medición del grado de meridiano por PICARD. Inmediatamente CHASLES replicó, para ratificar sus afirmaciones, presentando nuevas cartas cruzadas entre PASCAL, NEWTON, GASSENDI, MARIOTTE, y otros, todas las cuales pueden leerse en los *Comptes Rendus* de aquel año (Tomo 65). De nuevo se presentan a CHASLES objeciones tan contundentes como la imposibilidad de que PASCAL hubiese podido calcular la masa de Saturno valiéndose de las revoluciones de un satélite que no fue calculado sino dos meses y medio más tarde que la fecha que se atribuye a esos cálculos: 2 de enero de 1655; o el anacronismo de que se mencionasen los posos de una taza de café algunos años antes de que el café se introdujese en Francia. A esto se añade la refutación de los documentos por eruditos, bibliotecarios, grafólogos, los análisis de tintas, etc. Pero todo es inútil todavía: lo mismo que si estuviera cegado por la idea de que la gloria nacional anduviese en juego, CHASLES insiste presentando carta tras carta. De LUIS XIV, de DESCARTES, de JACOBO II de Inglaterra...

Hasta 1869 no empieza a convencerse de la posibilidad de un engaño, y al fin, cediendo ya a los insistentes requerimientos de LE VERRIER, explica el origen de su documentación y las razones por las que no lo quiso declarar antes. En resumen: un falsificador no demasiado hábil, VRAIN LUCAS, había venido explotando la credulidad de CHASLES y su bolsillo, haciendo creer además al ilustre anciano, con una historia pueril, que si revelaba el origen de sus documentos, corría el peligro de que otros se anticipasen en su adquisición.

Es inútil aclarar que de la absoluta buena fe de CHASLES en toda esta polémica, nadie abrigó nunca la menor duda.

e) Tres sabios y tres barqueros

1. No todos los biógrafos de DESCARTES han puesto interés en señalar que éste era un hombre valiente, tal vez porque el valor físico no lo juzguen influyente en su obra. Desde luego es sabido que entre 1612 y 1613, en el seno de su familia en Rennes, ocupaba el tiempo en el manejo de las armas y la equitación. Incluso, más tarde, publicó sobre esta experiencia un pequeño *Tratado de la esgrima.*

En el año 1621 regresaba DESCARTES desde los países nórdicos a Holanda. El viaje pudo serle funesto si hubiese tenido ánimo menos fuerte. En Holstein se había desprendido de sus caballos, quedándose con un solo sirviente. Embarcáronse ambos en el Elba, y los barqueros, de tosca catadura, debieron tomarle por un mercader adinerado que viajaba con su criado. Como DESCARTES, de aspecto tranquilo, y tan poco imponente como su iconografía le muestra, no hablaba más que el francés con su acompañante, los barqueros no llegaron a sospechar que pudiese entender su lengua, y no se recataron para planificar entre ellos su proyecto de robarles y tal vez matarles. Iban, pues, llegando al acuerdo de acogotar y arrojar al mar a aquellos extranjeros a los que nadie conocía ni echaría de menos.

Cuando DESCARTES comprendió que la situación era seria, se puso bruscamente en pie, desenvainó briosamente su espada, y declaró sin dudarlo, en la propia lengua de los barqueros, que mataría al primero que se atreviese a acercársele. Esta amenaza y la seguridad de que estaba dispuesto a cumplirla, intimidaron a los barqueros, que le llevaron pacíficamente a su destino.

2. De la segunda aventura que pasamos a narrar, el protagonista es G. LEIBNITZ. Estaba el gran sabio universal al servicio de la corte de Hannover, gozando de la más alta y merecida consideración, cuando aceptó, por deseo del gran duque ERNESTO, el encargo de escribir la *Historia de la casa de Brunswick.* Con este objeto, puesto en campaña, comenzó a explorar los principales archivos y bibliotecas de todas las ciudades de Alemania y de Italia en que esperase hallar materiales para tan difícil obra. El prólogo puesto al frente de la obra publicado en 1693, es de *valor permanente* para los estudiosos de la Filosofía de la Historia.

Para comprender el episodio que sigue no estará de más recordar que aunque luterano de religión, ha sido LEIBNITZ un precursor del ecumenismo, y conocía bien a las personas y doctrinas de la Iglesia romana.

Buscando materiales para su obra tenía LEIBNITZ que pasar de Venecia a Masola, isla del Adriático. Embarcóse solo y comenzó la travesía. Imprevistamente se levantó una violenta tempestad que aterrorizó a la tripulación de la barquilla. Ante aquella insólita furia de los elementos, juzgó el piloto que su pasajero debía ser un hereje y que su presencia en el barco era la causa de la tempestad. Comunicó sus sospechas a la tripulación y, sin imaginar que el viajero alemán entendiese su idioma, nuestros supersticiosos italianos iban decidiéndose a tirarle al agua. Pero LEIBNITZ les oía y les entendía. Sin alterarse, sacó tranquilamente de su bolsillo un rosario del que por una providencial decisión se había provisto, y con el tono de voz más devoto comenzó a rezarlo, probablemente en latín. Esta prueba de religiosidad mariana tuvo el éxito que LEIBNITZ había previsto y cambió, sin más, la peligrosa actitud de la tripulación.

3. No tan grave como las anteriores, pero de cierta analogía formal con ellas, lo que nos hace recordarla aquí, es la anécdota siguiente. Y aunque su protagonista, el sabio histólogo S. RAMÓN Y CAJAL, no era matemático, lo cierto es que ha escrito bastantes páginas de apología de las matemáticas (ver *Mi infancia y juventud*. Austral. Cap. XVIII), suficientes para que su nombre se encuentre cómodo en este libro.

Sucedió que el gran sabio, hombre atlético en su juventud, debía embarcarse en Cádiz para Cuba, donde en 1874 debía incorporarse como médico militar. Y él mismo nos cuenta (op. cit. Cap. XXII) lo que le sucedió en aquel puerto.

> «Para terminar con estas enfadosas socaliñas, referiré lo que me ocurrió al embarcarme. Ajusté un bote en el puerto para alcanzar el vapor, y hacia el comedio de la travesía se me paro en seco el patrón. Y dejando los remos me dijo "que por reinar furioso levante, debía yo, según tarifa, abonarle el doble por adelantado". A todo esto, faltaba media hora escasa para la salida del trasatlántico. Exasperado por el cinismo del patrón, y harto de sonsacas y burlas, fuime derecho al *truchimán* y agarrándole por el cuello le grité con voz colérica: "¡O rema Ud. con toda su alma, o le rompo ahora mismo el bautismo!"... Por fortuna, al sentir las rudas caricias de mis puños, amansose el pillastre, tornando con ardor a la faena y murmurando "que todo había sido pura broma". El terrible levante se había desvanecido en un santiamén.»

...Y estos fueron los tres problemas de navegación que tres sabios resolvieron con diversidad de métodos.

Capítulo 23

Preparación aritmética al Fray Gerundio

En la historia literaria se llama *gerundismo* a una torturante manera de expresarse, sobre todo en la oratoria sagrada, forzando las comparaciones, las citas y «las circunstancias», hasta extremos inverosímiles. Este vicio se inicia a fines del siglo XVI y perdura hasta mediados del XVIII. Entonces desaparece fulminantemente, con la publicación del *Fray Gerundio de Campazas,* libro satírico del Padre ISLA, que hizo ya imposible, entre burlas, la persistencia del retorcido modo de expresión de los que desde entonces fueron adjetivados como *gerundios.*

Naturalmente, en cuanto el gerundismo fue un vicio literario de su tiempo, no sólo se le encuentra en la prosa sagrada o de novelería. Se encuentra también, por ejemplo, en los imprevistos prólogos de libros de Aritmética, de lo que ofreceremos alguna muestra (tema de estudio para proseguir por los interesados en la Preceptiva literaria, que apenas ha explorado ese campo). Decimos una muestra y no una imitación, porque ellos son su propia parodia.

Tomemos por ejemplo la *Aritmética práctica y especulativa* del Bachiller PÉREZ DE MOYA (Edic. Prin. Salamanca, 1562), en su edición de Zaragoza en 1694. Esta edición (que creemos la novena) la prepara Gabriel DE LEÓN, mercader de libros y vecino de la Corte.

Este editor, Gabriel de León, dedica la edición «al Señor Don Juan de la Hoz Mota, Caballero de la Orden de Santiago, del Consejo de Su Majestad en la Real de Hacienda y Contaduría Mayor de ella». Las «circunstancias» del Caballero le dan pie a Gabriel de León para redactar una dedicatoria gerundiana desatinada y pintoresca, como sigue:

> «Una de las ciencias en que Dios quiso examinar al Patriarca Abrahan fue la Aritmética, y para darle a entender que era muy poca la que sabía, le dijo: Que contase las estrellas si podía: *Respice in Coelum, et numera Stellas si potet.* Es digno de

reparo que habiendo tantas cosas en qué probarle, como las hojas de los árboles, el número de las plantas y hierbas de la Tierra, y las gotas de rocío, le quiso examinar en la cuenta de las estrellas. Pero fue a mi juicio darle a entender que el Contador que no estudia la tabla de los caracteres, forma y número de los Cielos, no es bueno para la contaduría de la Tierra.

No sabemos que haya salido en las Prensas de España otro libro más lúcido y estimado en este género que el de la Aritmética del Bachiller Juan Pérez de Moya; ni yo hallo a quien lo dedicar con mejor derecho que a V. S., porque creo que ha estudiado esta ciencia primero en la especulación de las estrellas, en cuya tabla azul se halla también el camino que llaman de Santiago, de quien V. S. es Caballero. Después habrá estudiado en lo que escribió el autor de este libro. También me persuado que estará muy diestro para servir al Rey nuestro Señor en la regla de multiplicar; que es la que debe saber un buen Ministro celoso de la honra de su Rey porque es la regla más noble de todas para el caso; que la de sumar es muy humilde y abatida, es de corazones apretados; pues cincuenta, y cien partidas, las reducen a una. La de multiplicar es generosa, es muy al contrario, que de una cantidad hace muchas. La de Multiplicar es la primera regla que Dios enseñó a los hombres de la creación, pues de nada hizo mucho, y así le dijo al primero: *Crescite et multiplicamini:* Creced y multiplicad. La de sumar la introdujo y enseñó Caín, pues dos hermanos los redujo a uno. Aquellos dos criados fieles del Evangelio premiados por su dueño, aprendieron la primera, pues uno, de cinco talentos hizo diez; el otro, con los dos hizo cuatro. El tercero fue castigado porque usó de la segunda, que no supo más de sumar y consumir el talento que le dieron, no queriendo multiplicar con la industria.

Para el ejercicio, pues, de la más noble regla, le dedico a V. S. este libro; pues al servicio del Rey nuestro Señor sabrá, lo que fuere poco hacerlo mucho; ya que otros procuren estudiar el reducir lo mucho a poco. Hasta hoy se acuerda la Iglesia de haberse multiplicado los cinco panes, porque su ventura los puso en las manos de Cristo, Dios y Hombre, que sabe contar las estrellas y darle a cada una su nombre, que a ponerlas en otras, los cinco mil los consumiera y redujese a cinco. V. S. como tan diestro reciba mi voluntad a buena cuenta lo que le deseo servir, multiplicándome los mandamientos de su gusto, que le obedeceré y cumpliré con mucho mío. Guarde Dios a V. S. como este su afecto le desea.

B. L. M. D. V. S., su mayor servidor, Gabriel de León».

Del mismo tipo, pero menos exagerada, es la forma con que Andrés PUIG, utiliza «la circunstancia» de que su tratado de *Arithmética Especulativa y Práctica y Arte de Álgebra* (Barcelona, 1672) va dedicada «A los muy ilustres conselleres y Sabio Consejo de Ciento de la Ciudad de Barcelona», en cuyo escudo figuran las cuatro barras, para prologar:

«... Por no osar salir a la luz sin esa sombra, tomo por sabio consejo patrocinarse de un Sabio Consejo. Y si suele en cuatro reglas esta ciencia, como en cuatro partes dividirse el mundo, darán lustre a ellas las cuatro Barras, en quien cifró colorada pluma aquella prueba real; con que siguiendo a esas líneas mis líneas, a vista de ellas tirara más la barra el ingenio. Que siendo la Aritmética de lo mejor de una Ciudad, toca hoy amparala a la mayor Ciudad, dando con su patronazgo el ser, a quien ella tomó el ser».

Todavía el libro de PUIG incide en la anticuada costumbre de iniciarse con versos de varios autores laudatorios para el autor, aunque debió ser uno de los últimos en esta práctica. Como esta «literatura» no es muy conocida, daremos la muestra de un soneto:

El Doctor GERÓNIMO SASTRE,
Capellán Mayor del Tercio de Toledo, etc.
en alabanza del Libro y del Autor.

Soneto

No admite cuentas número infinito,
porque trasciende más allá su esfera;
unidad no contiene en sí postrera,
en quien remate su coto finito.
Por tanto, en el décimo exquisito
libro de EUCLIDES, que es de cuentas era
como inmensa, la pluma desespera;
hallar comento de sus cuentas quito.
Mas esta, sin ejemplo, esfera emprende
tu pluma, PUIG insigne, pues sin cuenta
al décimo infinito te comprende.
Con que tu ingenio unidad te cuenta
al número infinito; pues entiende
el Décimo de EUCLIDES que presenta.

(El libro Décimo de EUCLIDES trata de los irracionales cuadráticos, y es libro de difícil lectura, aunque afortunadamente la exposición algébrica actual de su contenido le hace elementalmente comprensible. Lo que viene a decir el sonetillo es, que puesto que el ingenio de PUIG ha entendido dicho libro Décimo, se le puede tomar como unidad, al ingenio, para contar el infinito.)

Parece innecesario aclarar que en ningún caso las loas de los proemios son más que puras hipérboles. Por lo demás, si consideramos el cuadro de los conocimientos matemáticos en la Europa del siglo XVII (véase pág. 96), se hace evidente que el desnivel relativo de nuestra cultura matemática con la europea, alcanza en este siglo el momento más desfavorable para nosotros. Aserto en el que están de acuerdo todos los estudiosos de la historia de la ciencia española.

Capítulo 24

Matemáticas, Física y fetichismo

Insistamos en decir que, generalmente las anécdotas se recuerdan y cuenta, no porque la crítica histórica las autentifique, sino por el valor significativo que lleven consigo.

Así, por ejemplo, el sabio físico español JULIO PALACIOS (1891-1970) adversario irreductible y casi obsesivo de la Teoría de la Relatividad einsteniana (pero conociéndola muy bien, cosa no muy frecuente entre los que hablan de ella), en un artículo titulado expresivamente *El fetichismo de las Matemáticas* (en ABC, s/f), toma pie en el recuerdo de una anécdota, atribuida a EULER y DIDEROT, para desarrollar ingeniosamente el comentario que justifica el título.

Antes de exponerlo, haremos la presentación de los protagonistas y el relato de la divertida anécdota; la cual hemos leído también en otros autores, lo que no es tomar partido sobre su autenticidad.

Denis DIDEROT (1713-1784), debe su justa fama a la realización de la Enciclopedia. El proyecto de realizar una enciclopedia general para sustituir a la versión de la obra análoga inglesa de CHAMBERS, lo llevó adelante con tanto ánimo y tales colaboradores, que dio de sí la celebérrima *Encyclopédie, ou dictionnaire raisonné des sciences, des arts, et des métiers* (1751-1765). Fue escritor atrevido de ideas, poco brillante en la forma, y su conocimiento de las ciencias, en particular las matemáticas, era más bien escaso.

Nunca disfrutó DIDEROT de bienestar económico, que no procuró, y aún conoció extrema pobreza en ciertas épocas. Pero CATALINA II de Rusia, decidió ayudar al filósofo, como en efecto lo hizo, y simulando adquirirle su biblioteca, que quedó en París al cuidado del propio DIDEROT, le fijó una pensión anual para sus últimos años.

En cuanto al matemático suizo Leonhard EULER (1707-1783) era en 1766 un sabio en la cumbre de su universal prestigio, cuando aceptó la invitación de CATALINA II, para trasladarse a la Corte de Rusia, en las condiciones que él quiso fijar, hasta su muerte en San Petersburgo.

Sólo queda añadir que el enciclopedista era en religión agnóstico, mientras que EULER era un calvinista rígido, en cuyo hogar se practicó puntualmente esta fe.

Estos son los personajes de la anécdota que pasamos a relatar.

Llegado el enciclopedista a San Petesburgo, fue su primera visita para la Academia de Ciencias, donde le aguardaba EULER. Allí, el imponente matemático suizo recibió a DIDEROT, y, mientras escribía la fórmula, le espetó algo así: «a más b elevado a n y dividido por n es igual a x; luego, Dios existe. Ahora replique usted.» Y dícese que DIDEROT, totalmente desconcertado, se excusó en la fatiga del viaje y se retiró sin replicar, dejando prevalente la «tesis» de EULER.

La fórmula dorsiana de elevar la anécdota a categoría, la realiza en este caso muy ingeniosamente Julio PALACIOS, con el siguiente comentario:

> «La precedente anécdota, que de ser cierta debió ocurrir en la corte de CATALINA II de Rusia, *describe admirablemente el prestigio de que gozaba entonces la matemática.* EULER sabía muy bien que su enunciado no demostraba nada; era un envite falso, un farol. Si su contrincante hubiese sabido algo de matemáticas habría descubierto el juego. Pero, por lo visto, DIDEROT no sólo había olvidado las que aprendió en su juventud, sino que había llegado a sentir por ellas, algo así como *el terror supersticioso* que inspiran las cosas de magia.
>
> »Han pasado dos siglos, y el *envite de EULER sigue teniendo éxito*, pero con una notabilísima diferencia. Se emplea para defender cualquier teoría, no como farol, sino con la convicción de que constituye un argumento irrefutable. A tal extremo ha llegado la fe ciega en el poder cabalístico de la matemática, que LANGEVIN, físico teórico de primera categoría, llegó a afirmar que «las fórmulas llegan hasta donde nosotros no podemos alcanzar». (...) Recientemente Max BORN recurrió al mismo expediente [al sostener que, por no haber encontrado errores en su desarrollo matemático, había que aceptar la teoría de la relatividad] ... Pero ni DINGLE [físico contemporáneo objetor de tal teoría] , ni el que esto escribe, están en la situación desventajosa en que se hallaba DIDEROT, por lo que han podido replicar con argumentos irrefutables y decir la última palabra. (...)
>
> »La moderna matemática será útil si sirve para explicar los fenómenos del mundo en que vivimos. Pero si sus previsiones se refiren a espacios ficticios, por ejemplo, al tetradimensional de MINKOWSKI, dicha matemática no será ya *ciencia positiva* sino una metafísica tan obstrusa como inoperante. Creer en su valor demostrativo equivale a creer en *el poder mágico de las formulas cabalísticas.*»

(Al copiar estos párrafos polémicos, en los que no tomamos partido, hemos subrayado por nuestra cuenta algunas expresiones significativas.)

Capítulo 25

Huellas femeniles en el camino de la Matemática

La escasez de nombres de mujer en la nómina de autores importantes de las Matemáticas, puede y suele llevar en juicio apresurado, a pensar que existe en esta ciencia, por razón de sexo, una inferioridad intelectual femenina. Pero no es éste el caso, como lo demuestran en parte los ejemplos que vamos a presentar, y lo prueba de modo total, la actual presencia de la mujer estudiosa, enseñante e investigadora. Lo que sí resulta evidente es, que los conocimientos sociales de la educación, han sido hostiles, hasta nuestro tiempo, a la formación científica de la mujer.

No puede, por tanto, sorprender, que en los diez primeros siglos de la Historia de las matemáticas (comenzándola en THALES DE MILETO), no se recuerde ninguna mujer matemática. Nuestra selección de ejemplos debe iniciarse en el siglo IV, con una figura importante.

Hipatia de Alejandría (370-415)

Entre los siglos IV y V, agotado el genio inventivo griego, se elabora el neoplatonismo, como un recuento de los tesoros de conocimiento acumulados. En Alejandría, THEON y su hija HIPATIA inician la serie de comentadores, cuya figura más importante vendría a ser PROCLO de Bizancio (410-485). La jefatura de la escuela neoplatónica alejandrina, pasó a HIPATIA (370-415), sucesora de su padre. Entre los discípulos atraídos por esta mujer de singular elocuencia, descuellan ORESTES, prefecto de la ciudad, y SINESIO, luego obispo de Tolemaida.

Escribió HIPATIA comentarios de la obra de DIOFANTO, y también de la teoría de las cónicas, de APOLONIO, así como un Canon Astronómico, obras muy apreciadas en su tiempo, pero que desaparecieron con la destrucción de la biblioteca de Alejandría. Infortunadamente HIPATIA fue muerta en un tumulto popular, producido con ocasión de ser nombrado CIRILO patriarca de Alejandría.

Hemos leído que el novelista inglés Charles KINGSLEY la hace heroína de una novela así titulada *Hipacia*, pero no hemos podido precisar más detalles sobre esto. También HIPATIA es mencionada por el poeta sevillano Alberto LISTA, cuando en una oda a su amigo José M.ª WHITE le dice:

> Ya en negra tabla los certeros signos
> Copias de Hipatia, del divino Euclides
> Ya las figuras que la inmensa tierra
> Miden y el orbe.

Con lo cual quiere expresar LISTA, que WHITE se dedicaba, en aquellos días de 1840, al estudio de las Matemáticas.

Lilavati (La bonita) (Siglo XII)

El segundo nombre femenino que vamos a encontrar es el de LILAVATI, en la India hacia el año 1150, y no es propiamente una autora, pero su nombre va ligado a la Aritmética de un modo muy poético, pues es el título de la Primera Parte de la Artimética de BASKARA. Cuéntase que BASKARA era también astrólogo e hizo el horóscopo de su hija LILAVATI, en el que resultó que debía morir soltera. Sin embargo, BASKARA decidió contrariar al destino, y llegado el momento, buscó a su hija un futuro esposo, con gran alegría de esta. Llegado el día de la boda, BASKARA preparó una clepsidra, esto es, un reloj de agua, en el que un pequeño chorro llenaba un depósito, y así señalaba el tiempo. Mientras esperaba la hora exacta en que debía celebrar la boda, LILAVATI quiso ver cómo funcionaba la clepsidra, se asomó al depósito, cayó en él una perla del vestido de la novia, se obstruyó el orificio sin que nadie lo advirtiera, y la hora de la boda no se marcó jamás. Asustado el novio por los mismos astrólogos, huyó, y BASKARA aceptó su derrota por el destino. Pero consoló así a su hija: «No te apenes LILAVATI. Voy a escribir un libro que llevará tu nombre. El libro y tu nombre vivirán por siempre. Esto será para ti una nueva vida y fundamento para la eterna.» Añadiremos que LILAVATI significa *La bonita*; uno de los enunciados del libro dice:

«Hermosa y querida LILAVATI, tú que tienes los ojos tan dulces como los del pavo real, dime cuáles son los números que resultan de la multiplicación de 135 por 12. Si eres experta en la multiplicación, por totalidad o por partes, por división o por separación de cifras dime, niña feliz, ¿cuál es el cociente del producto por el mismo multiplicador?».
(Según Jose BABINI).

De la monja Roswitha (siglo X) al siglo XVII

La edad media en la Europa no islamizada limita sus conocimientos de Matemáticas a los textos comentados en Alejandría y Bizancio, sin que aparezcan indicios de creación original. De esta época son los escritos de ROSWITHA, monja en un convento sajón del siglo X, más interesantes en literatura y filosofía que en matemáticas. Sin embargo demuestra buen conocimiento de la Artimética de BOECIO, y alude a cuestiones relativas a números defectivos y perfectos, citando de estos al 6, 28, 496 y 8128, que eran los conocidos en su tiempo: el siguiente número perfecto es ya 33 350 336.[1]

La sociedad del Renacimiento tampoco considera necesario ofrecer alguna posibilidad cultural científica a la mujer, así que no habrá lugar para recordar a ninguna notable en Matemáticas, hasta llegar a la edad moderna.

Todavía en el siglo XVII no cambia *aparentemente* la situación. En la Francia del Rey Sol había multitud de escuelas de enseñanza primaria para niños y niñas, pero no había enseñanza secundaria femenina. Con esto se evitaba sin duda que, como temía FÉNELON (1651-1715), las muchachas se convirtiesen en sabihondas ridículas. Así se comprende que DESCARTES excusase haber escrito su *Discurso del Método* (1637) en francés, y no en latín, para que lo entendiesen también las mujeres. Pero contra esta aparente situación de inferioridad cultural de las mujeres, su liberación intelectual está en marcha. Por de pronto son frecuentes las alusiones satíricas o burlonas hacia las mujeres sabias, señal evidente de que las había, o por lo menos cultivadas. De este modo el siglo XVII no da, que recordemos, ningún nombre femenino a la Historia de las Matemáticas, pero sus mujeres vencen los prejuicios culturales hacia las estudiosas, y preparan la decisiva influencia que van a tener culturalmente en los *Salones* del siglo XVIII (especialmente en Francia). En este siglo podremos ya mencionar algunas damas matemáticas merecedoras de atención.

María Gaetana Agnesi (1718-1799)

La italiana, de Milán, MARÍA CAYETANA AGNESI (1718-1799) es una mujer verdaderamente extraordinaria, aunque su vida social duró sólo hasta los 34 años, pues muerto su padre en 1752, se entregó por completo a obras de piedad y caridad, ya que al cuidado de su padre había sacrificado su deseo juvenil de profesar en un convento.

A los cinco años de edad hablaba perfectamente el francés, traduce a primera vista el griego y el latín, idiomas que hablaba con soltura; también aprendió el alemán, el español y el hebreo. Se conservan autógrafos de vocabularios del hebreo al griego y al latín, hechos «para su propia instrucción».

[1] Número perfecto es el que iguala la suma de sus partes alícuotas:

$$6 = 1 + 2 + 3,$$
$$28 = 1 + 2 + 4 + 7 + 14,$$
etc.

Sin embargo aquí debemos considerar su capacidad matemática. A los quince años interviene con acierto a las veladas y reuniones que se celebraban en su casa, a la que acuden las más cultas personas de Milán y luego, también, forasteros a quienes había llegado la fama de María Cayetana.

En 1740 profundiza sus conocimientos de Matemáticas bajo la dirección del padre benedictino Ramiro RAMPINELLI (1697-1759). En 1748, cuando contaba 30 años de edad, publicó M. C. AGNESI la obra que habría de hacerla famosa, *Instituzioni analitiche ad uso della gioventú italiana*, que se imprimió en su propia casa. Dedicó el libro a la Emperatriz Maria Teresa de Austria, quien correspondió enviándole muy valiosas alhajas. De las aplicaciones geométricas que se dan en el libro, hay un ejemplo que ha pasado a los textos sucesivos, y hace que los estudiantes de matemáticas conozcan, al menos en esto, su nombre: Se trata de la *curva de Agnesi*, o bien *versiera* (esto es, *bruja*) en el texto original. He aquí su descripción.

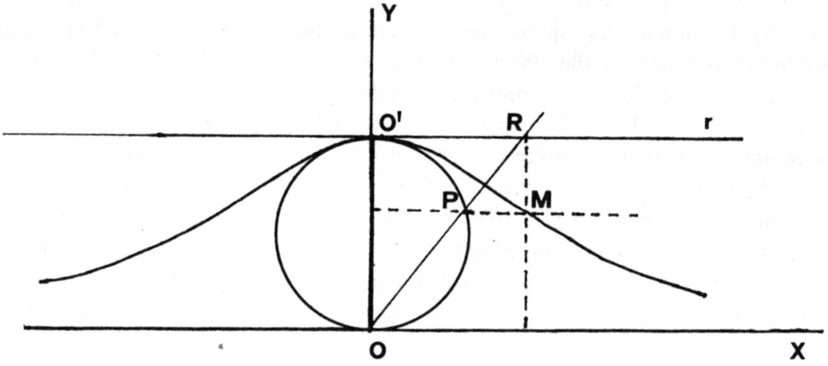

Dados dos ejes ortogonales OX y OY, trazamos una circunferencia tangente al eje OX en el punto O, cuyo diámetro OO' estará por tanto sobre el eje OY. Trazamos por O' la recta r paralela a OX. Una recta que pase por O corta en P al círculo y en R a r. La paralela a OY desde R, y la paralela a OX desde P se cortan en un punto M. Al variar la recta secante, el punto M describe una curva, que es la *versiera*. Si el diámetro del círculo es a, la ecuación cartesiana de la versiera es

$$x^2y = a^2(a - y)$$

El libro de *Instituzioni analitiche* alcanzó gran difusión, y fue traducido al francés en 1775 y al inglés en 1801.

En 1750 el Senado, por indicación del Papa Benedicto XIV concedió a M. C. AGNESI una cátedra de Análisis en la Universidad de Bolonia. Hubiese sido la primera mujer catedrático de la historia científica; pero ella no llegó a tomar posesión de la cátedra, para seguir su vocación religiosa, como ya se ha dicho al comenzar este apunte biográfico.

Marquise du Chastelet (1706-1749)

Gabriela Emilia de CRETENEIL, marquesa de CHATELET (o DU CHASTELET, como ella firmaba; París, 1704-1749) fue dama distinguida, tanto en los salones de la vida social, como entre la intelectualidad de su tiempo. Este tiempo vivió la polémica entre los últimos cartesianos, los primeros newtonianos de Francia. La fama de M. CHATELET para la Historia de la ciencia, le viene de haber sido la excelente traductora al francés de los Principios matemáticos de la Filosofía Natural de ISAAC NEWTON. El éxito de la traducción fue total, sin que desde su aparición haya merecido ninguna crítica desfavorable.

Ciertamente M. de CHATELET estuvo asistida para su trabajo de selectos científicos de su entorno, y muy particularmente por el insigne A. C. CLAIRAUT, que le guió en oportunos retoques aclaratorios del texto original. La traducción va precedida de un prólogo anónimo de mano maestra, que pone la obra de NEWTON en la corriente del tiempo a que se traduce, y va seguida por un Complemento de CLAIRAUT, que es *Exposición abreviada del Sistema del Mundo*. Señalamos estas circunstancias porque son expresivas de la facilidad con que la M. de CHATELET se desenvolvía en el mundo científico. La siguiente anécdota lo confirma.

La Marquesa de CHATELET había concurrido a un premio convocado por la Academia de Ciencias de París. En el salón de M. de GEOFRIN se encontró con el Secretario de la Academia, entonces MAIRAN, que como Académico portaba espadín. Entre ella y él se inició una discusión sobre el principio de las fuerzas vivas, que se animaba en exceso. La propia M. GEOFRIN fue quien calmó la discusión, diciéndole a él: «¡Vamos! ¿Qué va a pensarse de vos, si tirais de espada contra un abanico?»

En un grabado de la época, al pie del retrato de la marquesa de CHATELET, rezan estos versos:

A coté de Newton, l'inmortel Emilie
s'elève dans les airs;
et parcourant des cieux la carrière infinie
mesure l'univers.
Ournement de son sexe et du siècle ou nous sommes
le bût de ses travaux est d'èclairer les hommes.

Esta rima la encuentro en el incitante libro de Eugenio D'Ors *El Valle de Josafat* (Austral, n.º 465), quien añade este comentario irónico:

> Dice que al lado de Newton ascendió a los cielos; no dice si, al lado de Voltaire, bajaba a los infiernos.
>
> Por otra parte, la mirada y la boca de madame du Chatelet parecen no ocuparse para nada, no haberse ocupado nunca, de las teológicas Postrimerías.

Lady Montagu (1720-1780)

Lo mismo que en Italia y Francia, el siglo XVIII inglés descubre que la mujer puede tener y utilizar un talento intelectual de primer orden.

Lady ELISABETH ROBINSON MONTAGU (1720-1780) fue hija de Mateo Robinson, un rico hacendado. Sus salones fueron uno de los centros de cultura de la época. A los 12 años Lady MONTAGU dominaba el latín, el francés y el italiano. A los 14 el griego, el alemán y el español; a los 15 era una excelente matemática. En 1742 contrajo matrimonio con Edward MONTAGU, hijo del conde de Sandwich. Mantuvo, como se ha dicho, uno de los salones intelectuales más importantes de Londres, relacionándose con los grandes escritores de su tiempo. Era dama de costumbres severas, pero de gran coquetería personal. Dícese que se mantuvo bellísima durante años y siempre fue el árbitro de la elegancia femenina. Puso de moda las medias azules, que eran el distintivo de las *mujeres sabias* de su tiempo: A las damas habituales de su casa se las llamó *blue stoging* (medias azules, que traducido al francés, *bas-bleu,* quiso peyorativamente señalar a las damas con ínfulas literarias e intelectuales). Viuda en 1775, heredó una inmensa fortuna que dedicó a obras culturales.

Marquesa de Espeja (1765-?)

Una española que debemos recordar aquí es D.ª JOSEFA MÓNICA ALVARADO Y LEZO (Zamora 1765-?). Por su matrimonio en 1782 con D. Ramón del Águila, XI Marqués de Espeja, tomó este título, y como MARQUESA DE ESPEJA firmó la obra que justifica este recuerdo. Se trata de la traducción de la obra del abate CONDILLAC, *La lengua de los cálculos,* obra póstuma traducida sobre los manuscritos del autor y publicada en Madrid en 1805 dedicada a GODOY. Se trata de una exposición de cuestiones de Aritmética y Álgebra a las que se presenta (según una vieja ilusión), como modelo paradigmático de lengua bien hecha.

Esta traducción y sus notas demuestran las buenas relaciones de la Marquesa, tanto en la Corte de España como en la francesa de su juventud. Probablemente esta autora debió su formación intelectual primero a su padre, fallecido en Poitiers en 1780 y luego a la tutela de su tío, el Duque de San Carlos, que era embajador de España en Francia.

La propia autora subraya irónicamente su condición femenil en la Advertencia preliminar al texto:

> .../ He omitido otras [notas] porque no se me diga que adolezco del achaque común a casi todos los traductores, que quieren realzar un poco más de lo que es en sí el mérito de sus versiones, ilustrándolas según ellos con notas útiles y eruditas que otros llaman impertinencia y locuacidad; defecto que en mí hubiera sido excusable por ser el general que los hombres atribuyen a mi sexo, ...

El libro éste es el que indiscutiblemente introduce a CONDILLAC en España, aunque en los tratados de Historia de la Filosofía o Ciencia españolas que hemos podido ver, se mencionan autores y circunstancias más modernas. Esto muestra que la obra de la M. DE ESPEJA debió tener una difusión limitada, y probablemente en un núcleo social dispersado por los ya inmediatos sucesos culminados en la invasión napoleónica y Guerra de la Independencia.

Josefa Amar y Borbón (1743-1833)

La zaragozana JOSEFA AMAR Y BORBÓN (1743-1833) es una mujer notable, con la peculiaridad de haber desarrollado su talento en una sociedad menos feminista que las de las sabias citadas hasta ahora. Pasó su adolescencia en Zaragoza, y deseando sus padres favorecer su patente talento la enviaron a completar su educación en Madrid, donde aprendió francés, inglés e italiano, aparte los inevitables latín y griego. No fue autora de ninguna obra matemática, pero sí traductora del *Ensayo histórico-apologético de la literatura española,* escrita en italiano por el jesuita expulsado XAVIER LAMPILLAS, obra en la que el autor presenta datos biográficos de matemáticos españoles, como Juan MARTÍNEZ SILICEO, Pedro SÁNCHEZ CIRUELO, ALFONSO X, Álvaro TOMÁS, Pedro NÚÑEZ, y otros, datos todavía utilizados por los estudiosos de la Historia de las Matemáticas en España. Pero más importancia tienen en Josefa AMAR, sus Discursos y libros sobre los derechos de las mujeres a su educación física, moral y cultural. Los méritos de esta ilustrada mujer fueron reconocidos públicamente con nombramientos de honor por diversas Asociaciones y Academias. (Para más detalles, véase: Melchor Poza, *Mujeres célebres aragonesas.* Zaragoza, 1884.)

Intermedio con MORATÍN

Mientras esto sucedía, las reticencias acerca de las mujeres cultivadas no desaparecían del todo en Europa. Veamos, por ejemplo, lo que el afrancesado D. Leandro FERNÁNDEZ DE MORATÍN, al que por su obra *El sí de las niñas* se suele citar como avanzado defensor de los derechos a la personalidad de las muchachas, enseñaba por medio de sus personajes en *La comedia nueva, o El café* (1792).

D.ª Agustina, blanco de la sátira del autor por su *manía* de ayudar a su marido, el luego fracasado autor Don Eleuterio, en la elaboración de sus comedias, se lamentaba:

> D.ª Agustina.- [...] Por otra parte es increíble lo que aquellas criaturas me molestan. El uno que llora, el otro que quiere mamar, el otro que rompió la taza, el otro que se cayó de la silla, me tienen continuamente afanada. Vaya, yo lo he dicho mil veces, *para las mujeres instruidas es un tormento la fecundidad.*

Su hermana D.ª Mariquita, muchacha elemental, se lleva las simpatías del autor. Don Hermógenes, su pedante pretendiente, prepara para ella un plan educativo:

> D. Hermógenes.- Yo la instruiré en las ciencias abstractas; la enseñaré la prosodia; [...] Después aprenderá los logaritmos y algo de la estática; después...

> D.ª Mariquita.- Después me dará un tabardillo pintado y me llevará Dios. ¿Se habrá visto tal empeño? No, señor; si soy ignorante, buen provecho me haga. Yo sé escribir y ajustar una cuenta, sé guisar, sé planchar, sé coser, sé zurcir, sé bordar, sé cuidar una casa [...] Pues señor, ¿no sé bastante? Que por fuerza he de ser doctora y marisabidilla y que he de hacer coplas. ¿Para qué? ¿Para perder el juicio? [...]

Fracasado D. Eleuterio, interviene el poderoso Don Pedro, que le ofrece a él un destino remunerado, y alecciona a todos los personajes. Para D.ª Agustina, alecciona así:

> Si cuida de su casa, si cría bien a sus hijos, si desempeña como debe los oficios de esposa y madre, conocerá que sabe cuanto hay que saber, y cuanto conviene a una mujer de su estado y obligaciones.

Para la vocacionalmente inculta D.ª Mariquita pronostica:

> ...; y si usted disimula un poco las ganas que tiene de casarse no dudo que hallará muy presto un hombre de bien que la quiera.

Por consiguiente, en lo que hace a la educación de la mujer, el europeo MORATÍN se limita a propiciar con muy bella literatura la sentencia popular: *La mujer casada, la pierna quebrada y en casa.*

Sophie Germain (1776-1831)

Pero estas reticencias no se tenían sólo en España. En la misma Francia, pasado ya el auge de los salones, que tan amable había hecho el clima del siglo XVIII, vuelven las mujeres sabias a ser miradas con prevención. Dígalo el caso de SOFÍA GERMAIN (1820-1830), que tiene categoría de auténtico matemático profesional. Nacida en París, se impuso en el cálculo diferencial estudiando sola, en la gran biblioteca familiar, durante el terror. En 1794, como la Escuela Politécnica no admite mujeres, escribe ella a LAGRANGE con el seudónimo de M. LE BLANC. Éste le contesta animándole. En el año 1801 publica J. F. GAUSS sus *Disquisiciones Aritméticas,* que es uno de los pocos textos que marcan un nuevo rumbo a las Matemáticas; no tarda S. GERMAIN en escribirle, esencialmente sobre los resultados propios acerca de los residuos cúbicos, pero también como si fuera un hombre, con el seudónimo le BLANC. Sus observaciones interesan a GAUSS que sostiene con Mr. le BLANC una correspondencia epistolar. Al fin, en 1806, con circunstancias algo novelescas, relacionadas con las guerras napoleónicas, descubre S. GERMAIN su identidad a GAUSS, que se muestra divertido por el lance, y se prosigue la correspondencia científica entre ambos.

En el decenio 1820-30 POISSON y CAUCHY completaron en sus grandes rasgos esenciales la moderna teoría de la elasticidad. En este orden de ideas mereció S. GERMAIN ver premiado por la Academia de Ciencias de París un trabajo suyo sobre las superficies elásticas. En los aceros de la estructura de la Torre Eiffel, hay grabados 72 nombres de sabios, teóricos y técnicos, cuyos descubrimientos hicieron posible los cálculos con que pudo culminarse tan formidable hazaña de ingeniería. El biógrafo de S. GERMAIN (MOZANS, 1913) protesta con viveza de que entre estos nombres falte el de S. GERMAIN, y no duda en atribuirlo a la condición femenina de la sabia. Tenga o no razón en ello, lo que sí se desprende de lo apuntado es que el ser mujer no facilitaba en nada las cosas para ser matemática.

Concluiremos con dos proposiciones de S. GERMAIN, ambas de fácil enunciado, una de difícil demostración, y la otra demostrable fácilmente.

Si el entero a es distinto de uno, el número

$$a^4 + 4$$

es compuesto (esto es, producto de otros dos). Si el lector no acierta con la fácil demostración la encontrará en esta nota.[1]

P. FERMAT había afirmado que si n es mayor que 2 la igualdad

$$x^n + y^n = z^n$$

no puede ser satisfecha por enteros x, y, z distintos de cero. Este teorema no se ha demostrado completamente, pero SOFÍA GERMAIN *lo demostró en el caso de que n sea menor que 100, los números x, y, z sean primos entre sí dos a dos, y n sea primo con estos tres.* Este resultado es parte de su correspondencia con LAGRANGE.

Mary Fairfax Sommerville (1780-1872)

Puede decirse que esta dama inglesa, más precisamente escocesa, fue autodidacta en Matemáticas. MARY FAIRFAX era hija de una familia no muy poderosa económicamente, pero de posición social destacada. Su hermano fue Vicealmirante de la Armada inglesa. Ella recibió la buena educación convencional de las jóvenes de su ambiente. A los 15 años oyó hablar del Álgebra por primera vez, y esto en una reunión social. Cuando se apasionó por el estudio de las matemáticas, encontró muchos obstáculos familiares, se le secuestraron libros, y se le hacía cargo de que «se pasaba las noches estudiando como un hombre». Realmente sólo después de su boda con Lord SOMMERVILLE pudo cultivar libremente sus aptitudes para las Matemáticas.

No podemos pasar por alto una curiosa analogía entre su obra y la de la Marquesa de CHATELET. Es sabido que la obra de Newton en sus *Pincipia* fue aplicada genialmente por LAPLACE a la Mecánica Celeste. Este libro de LAPLACE lleva la justa fama de ser uno de

Composición de $a^4 + 4$. Claramente es

$$a^4 + 4 = (a^2 + 2 + 2a)(a^2 + 2 - 2a)$$

y como ello resulta evidente después de visto, viene al caso lo que explica BALMES en *El Criterio: No está la dificultad en comprender, sino en atinar.*

los libros de más difícil lectura que se han escrito en Matemáticas. Decía POISSON que se atrevía a apostar que no habría en Francia veinte hombres capaces de entenderlo totalmente. Pues bien, así como aquella obra de NEWTON fue traducida al francés por una dama ilustrada, la Marquesa de CHATELET, así también otra dama, Mary FAIRFAX SOMERVILLE, fue quien tradujo al inglés la Mecánica Celeste de LAPLACE.

Lady Ada Lovelace (escr. h. 1842)

Esta mujer ilustre ha pasado a la historia de la Informática como la primera persona que escribiese un programa de cálculo para un ordenador.

El caballero inglés CH. BABBAGE (1792-1871) concibió el proyecto de una calculadora analítica, destinada a seguir cualquier proceso de cálculo sin la intervención del operador. Al proyecto consagró su vida, su fortuna personal, y los generosos recursos que le proporcionó el gobierno inglés. Dejó a su muerte miles de piezas y un proyecto que nadie pudo concluir, porque excedía todo gasto prudencial. Esta máquina analítica no pudo tener éxito, porque no conociéndose entonces nada de electrónica, sólo con fichas perforadas y ligaduras mecánicas el éxito era dificilísimo. Un comentarista de esta idea fue el general italiano L. F. MENABREA, a quien se la había explicado el propio BABBAGE. El general publicó artículos en *Biblioteque Universelle* de Geneve (1842), *Rivista Contemporanea* de Torino (1855) e informó a la Academia de Ciencias de París, donde dio cuenta de la siguiente circunstancia.

Una traducción de su artículo de 1842 aparecía poco después en inglés, en las *Scientific Memoirs,* sin el nombre del traductor. Sin embargo, era evidente que el traductor no era un novato, pues había añadido a su trabajo notas muy interesantes y que desarrollaban el tema de manera harto notable. Se supo más tarde que este traductor era una muy noble y bella dama inglesa: Lady ADA LOVELACE, la hija única de Lord BYRON. En efecto, esta ilustre dama había colaborado con BABBAGE en la programación para la no culminada máquina analítica. De todo esto el general MENABREA concluye, *galantemente* dice LUCAS, pero mejor sería decir, *justamente:* «Puedan estos recuerdos que evoco al final de mi carrera promover la conclusión de una obra que sería preciosa para la ciencia, y un triunfo de la técnica mecánica, al mismo tiempo que un homenaje rendido a la memoria de un hombre de genio, lo mismo que a la noble dama que, con su ejemplo, ha demostrado que la bella mitad del género humano puede tener, para las ciencias superiores, aptitudes iguales a las de la otra mitad que, modestamente, quiere llamarse el sexo fuerte.»

Sofia C. Kowalewsky (1850-1890)

La personalidad que ahora vamos a considerar, SOFÍA KOWALEWSKY (Moscú, 1850 - Estocolmo, 1890), tiene lugar propio en cualquier Historia de las Matemáticas. Era, además de sabia matemática, una hermosa dama. Con objeto de poder ampliar sus estudios en el extranjero, contrajo matrimonio ficticio con V. KOWALEWSKY, profesor de paleontología. Así pasó a profundizar sus estúdios en las universidades de Berlín y Göttingen.

En Berlín fue la discípula predilecta del primer matemático europeo de su tiempo, CARL WEIERSTRASS (1815-1897). Según una opinión bastante difundida, y nunca desmentida, porque no sería ofensiva para ninguno de los dos y lleva un simpático romanticismo, fue su joven discípula el amor contenido del sabio maestro, cuya dirección científica duró cuatro años.

En una carta de WEIERSTRASS a FUCHS le dice: «SOFÍA ha demostrado que también una mujer puede destacar en el estudio de las ciencias abstractas, y obtener resultados que enorgullecerían a un hombre». Le expone su deseo y conveniencia de que reciba el título de doctor «concesión que encontrará probablemente alguna oposición, por ser la primera mujer que opta a tal distinción». En efecto, a los 21 años se le concede el grado de Doctor por la Universidad de Göttingen.

De regreso a su patria abandona momentáneamente las Matemáticas y se entrega a su familia y a la literatura. Al morir su marido quedó sin bienes y en la necesidad de conseguir medios de subsistencia. Entonces, otro gran matemático, MITAG-LEFFLER, discípulo también de WEIERSTRASS, la llevó a ocupar una cátedra en la Universidad de Estocolmo (1884), que conservó hasta su muerte. Verdaderamente, los trabajos que publicó desde allí la mostraron absolutamente merecedora de su cátedra.

Su temprana muerte, en 1890, fue sentidísima por todo el mundo científico. Tuvo funerales regios, y las mujeres rusas costearon un monumento en su honor.

Era, además, una profesora excelente, que interesaba la atención de sus alumnos.

Emmy Noether (1882-1935)

Finalmente citaremos a EMMY NOETHER (Erlangen, 1882-1935), una figura de excepcional importancia en los niveles más altos del Álgebra moderna. Era hija de un matemático importante, MAX NOETHER (1844-1921), aunque la importancia de sus trabajos haya sido sobrepasada por los de su hija.

Nos sería muy difícil encontrar el modo de explicar de algún modo sencillo el dominio de las investigaciones de esta sabia mujer, y el intentarlo nos llevaría a tecnicismos que no son de este lugar.

Como apunte biográfico señalemos que se doctoró en Erlangen el año 1907, se habilitó como docente en Gotinga en 1919, y en 1922 fue nombrada profesora extraordinaria de esta célebre Facultad. Para conseguir esto fue necesaria la firme determinación de HILBERT, pues la condición femenina era todavía un obstáculo rutinario para tal nombramiento.

Conclusión

Es necesario añadir, porque es un hecho patente, que en las aulas universitarias, en la investigación y en la enseñanza, las mujeres han triunfado al fin plenamente, si por tal se entiende su absoluta y merecida igualdad de oportunidades con el hombre.

Pero sería injusto no recordar la gran influencia que también tuvieron las mujeres en el desarrollo de las matemáticas, facilitando y poniendo los tonos rosa en la vida de los matemáticos. Pensemos, como homenaje a todas, en la dulce muchacha de 16 años, hija del astrónomo Lemonnier, que apareció en la vida de LAGRANGE cuando él tenía 56 (en 1792) y se encontraba sumido en una depresión que le impedía todo trabajo. Decía él que de todos sus triunfos el que valoraba más era haberse encontrado con tan dulce compañera. Dos días antes de su muerte (1813) LAGRANGE decía a MONGE: «Deseo morir, y encuentro placer en ello. Pero mi mujer no quiere...» Podría pensarse también en la JULIA a quien hacía versos AMPERE, o en la CRISTINA que sostuvo hasta su fin las ilusiones de N. H. ABEL. Y en tantos otros ejemplos, que nos llevan al convencimiento indubitable de que la mujer ha tenido siempre una influencia decisiva en las Matemáticas, afortunadamente.

Capítulo 26

Cuestiones sobre pares y nones

a) Números pares e impares

Una de las primeras y mayores hazañas de la razón humana fue, sin duda, hacerse con la idea de *número*.

En todo este capítulo, al decir número significamos el *número natural,* que sirve para contar

$$1, 2, 3, \ldots,$$

indefinidamente. En tiempos históricos se agregó a esta serie el *número cero,* 0, al que también consideraremos como natural.

La dicotomía de los números en *pares* e *impares,* habrá sido, muy probablemente, el primer hecho aritmético descubierto (¿o inventado?) por el hombre. Desde luego esta distinción aparece explícita en las más antiguas civilizaciones. (Por ejemplo, ver pág. 58.)

Número par es el que puede partirse en dos partes iguales. Los números que no tienen esta propiedad se llaman impares o nones. (El 0 juega también como número par.)

La forma general de los números pares es

$$2n$$

y la de los impares

$$2n + 1,$$

siendo n un número natural.

Obvio es decir que los aritméticos han clasificado de muchos modos a los números, por conceptos muy diversos, más o menos conocidos de las gentes, según la cultura matemática de cada cual. Pero todos los hombres sin excepción conocen la dicotomía entre *pares* y *nones,* tanto por la facilidad de distinguirlos, como por su utilidad, que la hace imprescindible. Desde la sabia numeración de los edificios a lo largo de una calle, hasta dar fácil recurso para «echar a suertes» un pleito de patio colegial, la paridad de los números impone su presencia en incontables ocasiones de la vida ciudadana habitual. Y no lo impone menos en difíciles cuestiones de las Matemáticas teóricas.

b) El Yan y el Ying

La filosofía china está dominada por las ideas del *Yin* y el *Yang,* que significan los opuestos, como masculino y femenino, salud y enfermedad, opulencia y pobreza, etc. Los números no escapan a este esquema, y precisamente son el *Yin* los pares y el *Yang* los impares.

Los grafistas chinos idearon para representar esta dicotomía del *Yin* y el *Yang* el célebre esquema del *T'ai Ki.*

El *Yin* (negro) y el *Yang* (claro) están encerrados en un círculo. La línea que los separa se compone con dos semicircunferencias iguales hechas a distinto lado de un diámetro de aquel círculo.

Así, en los esquemas del *Ho t'u* (cruz de los diez primeros números) y el *Lo chu* (cuadrado mágico, ver pág. 58) se representan los números pares en negro y los impares en blanco.

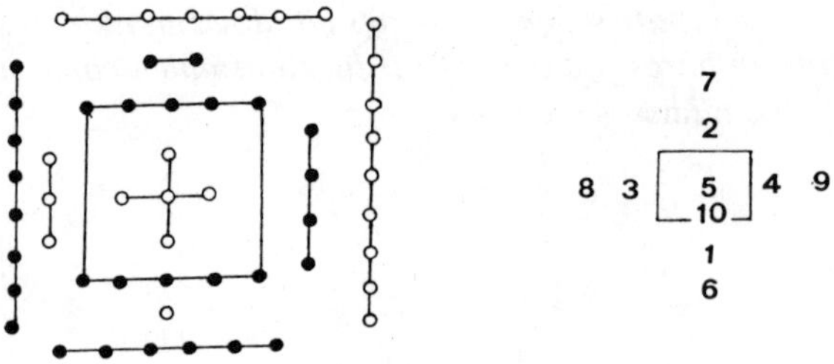

Cruz numérica del Ho t'u

La antigüedad real de estos documentos se ignora, y es posible que sea de más de un milenio a. de C. Pero en todo caso reaparecieron bajo la dinastía de los Song, en el siglo XII de nuestra era, bajo el emperador Huei-Tsong, favorecedor de la geomancia y coleccionista de enigmas taoistas.

En esta cosmovisión la sombra pertenece a las mujeres (y a los números pares) y la claridad a los hombres (y a los números impares). Hay aquí coincidencia con la simbología numérica pitagórica de la sexualidad, que asocia lo masculino con los impares y lo femenino con los pares. No es fácil decidir quién influyó en quién, o si las dos concepciones fueron independientes, que parece lo más probable.

> Aunque este hecho sea evidentemente casual, resulta curioso señalar que la moderna determinación cromosómica de la sexualidad viene a coincidir con la asignación china y pitagórica de la correspondiente paridad. Denominados X, Y, los cromosomas sexuales, la hembra tiene la constitución genotípica XX, y el macho la XY. El cromosoma Y es esencial para la masculinidad, que aparece así cromosómicamente ligada a lo impar y asimétrico, al contrario de la feminidad.

Todas las civilizaciones han creado supersticiones numéricas, y frecuentemente a lo *par* y a lo *impar* se le ha dado un valor supersticioso. Ahora explicaremos cómo utilizaban el par o impar los adivinos de la aquilea, pues esta práctica dio origen a un sistema de hexagramas que interesó grandemente a LEIBNITZ, por su analogía con la numeración binaria que él había ideado.

c) Los hexagramas de la aquilea

Los adivinos chinos de la aquilea manejaban con ritos complicados un manojo de tallos de esta planta, lo que les daba un resultado par o impar. El resultado par lo traducían gráficamente por una línea continua, y si era impar por una línea interrumpida:

par impar

Ahora bien, una disposición de dos lugares para dos elementos diferentes puede llenarse de cuatro modos distintos,

que son los *cuatro diagramas* de la aquilea, que no ofrecen mayor interés. Del mismo modo, con tres lugares disponibles hay ocho posibilidades de colocar el *yang* y el *yin*, como son, por ejemplo,

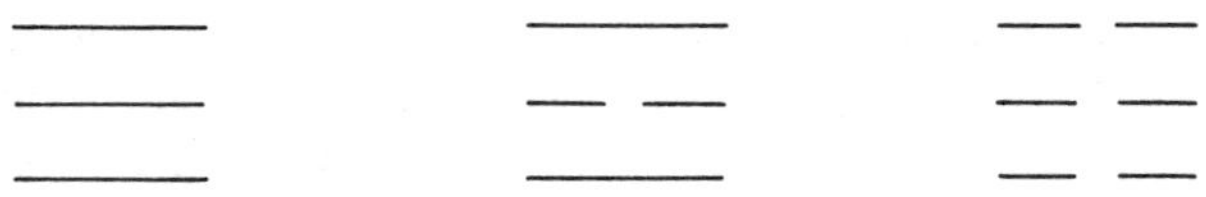

Así aparecen los *ocho trigramas,* utilizados en amuletos supersticiosos desde muy remota antigüedad.

Pero la adivinación por aquilea culmina con los *hexagramas*, es decir, disposiciones posibles del yang y el yin en series de seis,

desde  hasta 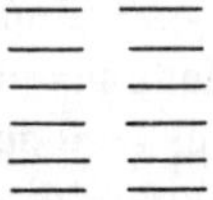

y el número de estos hexagramas es *sesenta y cuatro.*

El adivino suspendía sus operaciones cuando había construido un hexagrama. El conjunto de los sesenta y cuatro posibles pasa a representar el conjunto de las realidades que proporcionan una representación condensada del Universo. (Bibliog. Marcel Granet, *El Pensamiento Chino,* Edit. UTEHA, México.)

d) La aritmética binaria

En 1702 presento LEIBNITZ a la Academia de Ciencias de París un modo de escribir los números con sólo dos cifras, el 0 y el 1; la fórmula de esta numeración consiste en que la cifra del uno duplica su valor en cada lugar que adelante a la izquierda. Así se tiene, por ejemplo,

$$10 = \text{dos}, \qquad 11011 = \text{veintisiete}$$

En su correspondencia con el misionero jesuita P. BOUVET, LEIBNITZ le hablaba de su invención, sugiriéndole que podía dar una idea de cómo, si con 0 y 1 se podían formar todos los números, también con Dios y la nada podían originarse todas las cosas creadas.

En respuesta, BOUVET informó a LEIBNITZ de la existencia del libro que llaman *Ye-Kim,* atribuido al emperador *Fo-hi* (que según los chinos vivió hace más de cuatro mil años). Este libro no contiene más que los sesenta y cuatro hexagramas mencionados. Los chinos lo miraban como un emblema de la historia de la naturaleza, de las causas de los fenómenos y de los secretos de la adivinación. Lo notable para BOUVET estaba en que interpretando las rayas como un cero y las quebradas como un uno, los sesenta y cuatro hexagramas se expresarían así

$$000000, \quad 000001, \quad ..., \quad \text{hasta} \quad 111111,$$

esto es, los números desde el cero al sesenta y tres expresados en el sistema binario.

Esto no puede llevar de ningún modo a concluir que *Fo-hi* hubiese inventado ningún sistema de numeración binaria, aunque LEIBNITZ y BOUVET llegaron a creerlo.

e) Onomancia y numeración

En el sistema de numeración escrita de la Grecia clásica, se asigna a cada letra un valor numérico. Por tanto, a cada nombre de ciudad o de persona corresponde, sumando el valor de sus letras, un número apropiado.

En la onomancia, práctica supersticiosa de fijar el destino por los nombres, los griegos pitagóricos asignaban a cada número su pitmene (el *pitmene* de un número es el resto de dividirle por 9 o el mismo 9 si la división es exacta; ver pág. 23), y disponían de tablas empíricamente elaboradas, con las que fijaban su veredicto.

Pero cuando el pitmene llevaba a empate, se hacía intervenir la paridad del resultado. Por ejemplo:

> «En caso de empatar los dos números, si son *impares,* darás el triunfo al que ataca, al sexo masculino, al de más edad, al más notable o al hombre libre. Y si son *pares,* vencerá el más humilde, el defensor, el esclavo, el más joven o la mujer.»
>
> (Según TANNERY, citado en *Científicos griegos,* ed. Aguilar, pág. 65.)

Para los pitagóricos, de la unión del primer par, 2, que conviene a lo femenino, y el primer impar, 3 (el 1 no era considerado número, sino unidad), resulta 5, número de Afrodita y de la generación.

Dejamos aquí el tema de las supersticiones, en lo que se refiere a la paridad de los números. En la actualidad se manifiestan sólo muy débilmente, en forma de *simpatía* individual por lo par o lo impar. Esto se ve, por ejemplo, en muchos jugadores de lotería. Pero ¿es igualmente probable en la lotería el par que el impar? A este tema dedicamos el apartado siguiente.

f) Probabilidades de la paridad

La intuición nos dice, acertadamente, que en un sorteo de lotería los premios en número par tienen la misma probabilidad que los de número impar.

Para que la experiencia confirme esta impresión se hace necesario hacer el recuento y acudir a las leyes del azar. Esta práctica la realizó el Sr. GONZÁLEZ QUIJANO en dos sorteos de 1924, que dieron 1461 premios a los pares y 1408 a los impares. Con esto la divergencia empírica es 1,42 de la divergencia probable, y la probabilidad de superarla es solamente de 0,34. Lo cual quiere decir que el reparto es equitativo.[1]

[1] Un poco al margen de nuestro tema, pero ya que fue la motivación del estudio de González Quijano, aludiremos a la distribución de números en *mayores* y *menores* que el número medio, de los que entran en sorteo. Para este caso fueron premiados 1515 mayores y 1354 menores. Entonces la divergencia es 4,47 veces la probable y la probabilidad de superarla es de sólo 3 milésimas. Los números mayores aparecen así favorecidos, lo que aconsejó alterar el modo de entrada de los números en el bombo. Aunque en todo caso la diferencia de probabilidad entre mayores y menores es insignificante frente a la que el jugador realiza al cambiar su puesta por su esperanza matemática. (P. M. González Quijano, *Rev. Mat. Hisp. Amer.*, 1931, pág. 263.)

Pasemos ahora a examinar si sacar *par* o *impar* es igualmente probable en el juego a dedos extendidos, entre dos jugadores. Ambos apostantes cierran una mano y luego tienden simultáneamente con cierto número de dedos abiertos. Se apuesta por par o impar, y gana el que hubiese acertado la paridad del número total de dedos mostrados.

Ahora bien *¿es igualmente probable que el número de dedos extendidos sea par o impar?*

Distinguiremos dos casos según se permita, o no, permanecer con el puño cerrado, estos es, marcar el 0.

a) Se prohibe permanecer con el puño cerrado.

Los resultados entonces posibles son

pares: 2, 4, 6, 8, 10
impares: 3, 5, 7, 9.

de modo que *si todos los resultados son igualmente probables,* tendremos una pequeña ventaja a favor de los pares.

Ahora bien, si en vez de suponer equiprobables los resultados finales, suponemos que *cada mano tiene la mism probabilidad de separar* 1, 2, 3, 4 ó 5 dedos, entonces las posibilidades de cada resultado se cuentan así

Resultados	Posibilidades				
2	1-1				
3	2-1	1-2			
4	3-1	2-2	1-3		
5	4-1	3-2	2-3	1-4	
6	5-1	4-2	3-3	2-4	1-5
7	5-2	4-3	3-4	2-5	
8	5-3	4-4	3-5		
9	5-4	4-5			
10	5-5				

con lo que obtenemos

Resultado par: 13 posibilidades
Resultado impar: 12 posibilidades

b) Toleramos que el puño no se abra.

En este caso los resultados 0 y 1 son también posibles, con lo que de ser todos igualmente probables permanece la ventaja de los pares. Pero si consideramos equiprobable el número de dedos que extienda cada mano, entonces las posibilidades son

Resultado par: 18 posibilidades
Resultado impar: 18 posibilidades,

y el juego resulta por fin equitativo.

Nota. Este comentario no tiene consecuencia práctica sensible para ganar en el juego a pares o nones. Pero se ha puesto aquí para ilustrar el hecho general de que pedir la probabilidad de un cierto suceso no tiene sentido si no se sabe antes qué sucesos son los igualmente probables.

g) Sustituciones pares e impares

Vamos a dar de este tema las nociones precisas para explicar la teoría del juego de los quince (ver pág. 65), y en particular, exponer el criterio que permitía a SAM LLOYD distinguir qué ordenaciones eran realizables con las reglas del juego, y cuáles eran imposibles de conseguir.

Clase de una permutación. Llamamos *permutaciones* de *m* objetos a las distintas ordenaciones con que pueden presentarse.

Entre los *m* elementos que se permuten puede atribuirse fácilmente un orden natural de prelación. Si se trata de cifras este orden es, naturalmente, el creciente, y si se trata de letras el alfabético.

En una permutación dada, por ejemplo:

1 7 3 5 2 4 6,

dos elementos cualesquiera pueden estar en el orden natural como sucede con el 3 y el 6, y con el 1 y el 5; en este caso se dice que los dos elementos presentan sucesión. Pero también es posible que estén en orden contrario al natural, como sucede con el 7 y el 3, o el 5 y el 4, etc.; en este caso los dos elementos presentan una *inversión*.

Vamos a contar, como ejemplo, el número de inversiones que se presentan en la permutación anterior. Comparando cada elemento con todos los que le siguen, resulta:

El 1 no presenta inversión con ningún otro elemento.
El 7 presenta cinco inversiones (con el 3, con el 5, con el 2, con el 4 y con el 6).
El 3 presenta una inversión (con el 2).
El 5 presenta dos inversiones (con el 2 y con el 4).
El 2 no presenta ninguna.
El 4 no presenta ninguna.

Por tanto, la permutación 1735246 presenta 8 inversiones.

Se dice que una permutación es de clase par cuando presenta un número par de inversiones; y de clase impar cuando el número de sus inversiones es impar.

Ejemplos: 34251 permutación par; *abcd* permutación par;
deacb permutación impar; 1735246 permutación par.

Si en una permutación se cambian entre sí dos elementos, la permutación cambia de clase. Si era par pasa a ser impar, y viceversa.

Supongamos primero que esos dos elementos que se trasponen, a los que llamaremos e y h, sean consecutivos. Llamemos A al conjunto de los elementos que les preceden, y B al conjunto de los que les siguen. Al contar, como acaba de explicarse, las inversiones de las dos permutaciones consideradas,

$$A\,e\,h\,B \quad \text{y} \quad A\,h\,e\,B\,,$$

la *única* alteración es, que si los elementos e y h no presentan inversión en una, presentarán inversión en la otra, luego habrá cambiado la paridad del número de inversiones, c. q. d. Ahora, supongamos que entre los elementos traspuestos, e y h, hay otros varios, cuyo número sea n, y cuyo conjunto indicaremos por C, de modo que las permutaciones que debemos comparar serán

$$A\,e\,C\,h\,B \quad \text{y} \quad A\,h\,C\,e\,B\,.$$

Podemos suponer que esta alteración se ha hecho cambiando de lugar sucesivamente e con cada uno de los n elementos de C que le siguen (n cambios de clase), y poniendo después a h sucesivamente delante de la e y de los n elementos de C ($n + 1$ cambios de clase). En total habrán sido $2n + 1$ cambios de clase, número impar de cambios, luego las dos permutaciones comparadas son de clase distinta, c.q.d.

Aplicación al juego de los quince. Este resultado es suficiente para evidenciar que un gran número de ordenaciones no pueden conseguirse con este juego.

La posición inicial presenta las fichas de la 1 a la 16 en su orden natural; la ficha 16 se ha suprimido y su lugar queda vacío. Cada deslizamiento posible es una transposición de dos elementos, y por tanto cambia la clase de la permutación a la que afecta. Para que la casilla vacía vuelva a su original posición, el número de transposiciones ha tenido que ser par, y por consiguiente será de orden par la permutación que presenten las fichas de 1 a 15 (pues la 16 no presenta inversión con ninguna otra). Por consiguiente: *Es imposible conseguir cualquier ordenación que, dejando la casilla vacía en la posición original, presente para las fichas de 1 a 15 una permutación de clase impar.*

Sin duda este resultado era conocido por SAM LLOYD, que tranquilamente podía ofrecer premios espléndidos para el que resolviese alguno de los problemas imposibles que ponía a concurso.

Pero demostrar que todas las permutaciones pares sí pueden conseguirse, es menos inmediato, pues la demostración exige otras nociones, que vamos a explicar.

Grupo de sustituciones. Se llama *sustitución* la operación que hace pasar de una permutación a otra (que puede ser la misma inicial).

Dados los elementos $a, b, c, d,$ sea S la sustitución que cambia a por c, b por a, c por b, y deja d inalterado. Ésta se representa así

$$S = \begin{pmatrix} c & a & b & d \\ a & b & c & d \end{pmatrix}$$

Si se aplica S a la permutación $[a, c, d, b]$ se obtiene

$$S[a, c, d, b] = [c, b, d, a].$$

Si en una permutación se sustituye cada elemento por el siguiente y el último por el primero, la sustitución se llama *cíclica*. Se representa simplemente escribiendo aquella permutación entre paréntesis. Si el ciclo tiene n elementos se llama *ciclo-n*. Por ejemplo, sean

$$S = (2, 4, 5, 3, 6, 1) = \begin{pmatrix} 2 & 4 & 6 & 5 & 3 & 1 \\ 1 & 2 & 3 & 4 & 5 & 6 \end{pmatrix}, \quad T = (a, b, c) = \begin{pmatrix} b & c & a \\ a & b & c \end{pmatrix},$$

S es un ciclo-6, y T es un ciclo-3.

Un ciclo-2 se llama *transposición* y su efecto es intercambiar dos elementos:

$$(d, f)\,[b, d, a, f, e] = [b, f, a, d, e].$$

El *producto* ST de dos (o más) sustituciones, es el resultado de realizarlas sucesivamente: primero T, luego S.[1] Ejemplo,

$$S = \begin{pmatrix} d\,c\,b\,a \\ a\,b\,c\,d \end{pmatrix}, \quad T = \begin{pmatrix} d\,b\,a \\ a\,b\,d \end{pmatrix}, \quad ST = \begin{pmatrix} a\,c\,b\,d \\ a\,b\,c\,d \end{pmatrix} = (\,b\,c).$$

Toda sustitución es igual a un producto de ciclos sin elementos comunes, y todo ciclo es un producto de transposiciones. La manera de hacer esta descomposición es obvia, como muestran los ejemplos:

$$\begin{pmatrix} b & d & e & a & c & i & h & f \\ a & b & c & d & e & f & h & i \end{pmatrix} = (a, b, d)(c, e)(f, i)$$

$$(a, b, c, d) = (a, d)(a, c)(a, b)$$

Por consiguiente: *Toda sustitución puede descomponerse en un producto de transposiciones.* Esta descomposición no es única: puede hacerse de varias maneras, pero de cualquier modo que se haga observamos esto: *El número de transposiciones en que se factoriza una sustitución es par, o impar, con independencia del modo de realizarla.*

En efecto: cada vez que se aplica una transposición a una permutación ésta cambia de clase. Luego, si el número de transposiciones es par, la permutación inicial y la resultante son de la misma clase (par o impar); y si el número de transposiciones realizadas es impar, las dos permutaciones son de clase distinta. En cualquier caso, *la paridad* del número de las transposiciones a realizar está determinado por la sustitución operada.

[1] Este orden es convencional, depende del autor. Pero hay que indicar el que se adopte, porque generalmente es ST distinto de TS.

Una sustitución se dirá de clase *par* o *impar,* según sea *par* o *impar* el número de transposiciones que la componen.

Se llama *grupo de sustituciones* a un conjunto de ellas tal, que el producto de dos cualesquiera, o de una por sí misma, pertenezca al mismo conjunto.

Ahora bien, cualquier producto de dos transposiciones puede representarse mediante ciclos-3, pues, según tengan o no un elemento común, resulta

$$(b, c)(a, b) = (a, b, c)$$
$$(c, d)(a, b) = (c, d, a)(d, a, b)$$

Por consiguiente: *Si un grupo de sustituciones entre* m *elementos contiene todos los ciclos-3* que es posible formar con ellos, este grupo contiene a todas las sustituciones pares.

Aplicación final al juego de los quince. Estamos ahora en condiciones de demostrar que se puedan realizar todas las ordenaciones que dejando vacía la casilla última, presenten una permutación par de las quince fichas.

Para verlo, bastará demostrar que las reglas de juego permiten conseguir todos los ciclos-3, dejando la última casilla vacía y las otras 12 fichas en su posición original.

Sean *a, b, c* tres fichas, con las que intentamos realizar el ciclo-3 (*a, b, c*), en las condiciones dichas, es decir, cambiar *a* por *b, b* por *c* y *c* por *a*, quedando las otras fichas en su posición inicial.

Adoptaremos la notación siguiente: Las casillas las indicamos poniendo entre paréntesis el número que le corresponde en la disposición inicial. A la casilla última, inicialmente vacía la designaremos casilla (16). Las fichas, naturalmente, serán designadas por su número.

i) Elegida la ficha *a* tracemos un ciclo de recorrido que contenga su casilla y también las (16) y la (15). Siguiendo ese ciclo, se llevará la ficha *a* a (16) y luego dejaremos vacía la casilla (15).

ii) Para la ficha *b* trazaremos un ciclo que comprenda a ella y a las casillas (15) y (12), pero no a la (16) ocupada ahora por *a*. Por deslizamiento a lo largo del ciclo, llevaremos la ficha *b* a la casilla (15) y dejaremos vacía la (12).

iii) Escogemos un circuito cerrado que contenga a las casillas (12), (11) y la ocupada por *c*, pero no las (16) ni (15), ocupadas por *a* y *b* respectivamente. Deslizando a lo largo del circuito la ficha *c* queda en la casilla (12) y la (11) queda vacía. Estamos en la posición de figura A.

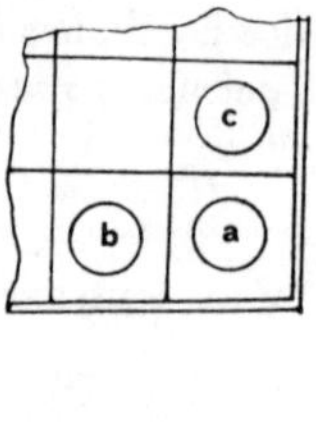

A

iv) Cuatro transposiciones entre casillas (16)(15)(12)(11) realizan la sustitución ciclo-3 (a, b, c). Estamos en la posición B.

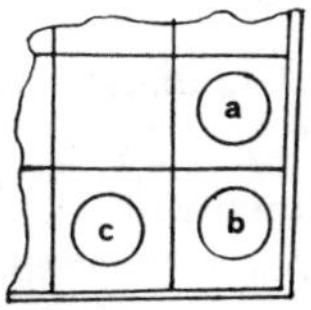

Finalmente se realizan sucesivamente en orden inverso las operaciones de iii), ii), i), con lo cual quedarán las fichas a, b, c permutadas circularmente, los otros cuadros vueltos a su posición inicial y la casilla (16) vacía.

Dos notas. La solución teórica que se ha explicado no es ni mucho menos el camino más breve de obtener la permutación par deseada. Indica cómo podría hacerse, pero muy probablemente habrá un modo más directo de resolver el problema.

Las mismas consideraciones pueden trasladarse a la casilla vacía en otra posición cualquiera.

Supongamos que entre todas las permutaciones posibles contásemos p que son pares y q que son impares. Multiplicadas las pares por una misma sustitución impar, resultan p sustituciones impares distintas, luego $p \leq q$. Pero multiplicadas las impares por una impar resultan q sustituciones pares, luego $p \geq q$. Por lo tanto $p = q$. En consecuencia, *de todas las permutaciones imaginables en el juego de los quince, la mitad exactamente son construibles, y la otra mitad son irrealizables.*

h) Recorridos eulerianos

Un *grafo* es una figura formada por varios puntos (*vértices*) y varios arcos que los unen. El arco puede unir dos puntos distintos (sus *extremos*) o tener sus dos extremos coincidentes (caso de un *lazo*). La figura que sigue ilustra estas definiciones.

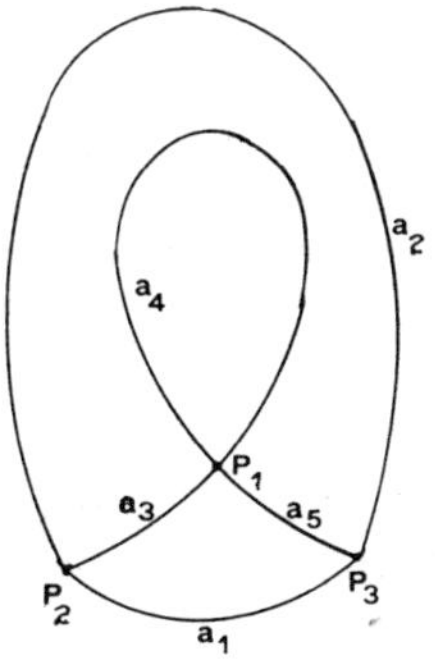

Vértices: P_1, P_2, P_3
Sendas: a_1, a_2. a_3. a_4. a_5
Lazo: a_4

Vértices pares e impares. Los vértices de un grafo se llaman *pares* o impares, según sea par o impar el número de sendas que parten de él. A este efecto, el extremo de un lazo se cuenta dos veces. Así, en el grafo de la figura anterior el vértice P_1 es par, y son impares P_2 y P_3.

Teorema de Euler. Hacia el año 1759, el insigne matemático suizo L. EULER formuló el siguiente resultado.

Un grafo se puede recorrer completamente de un solo trazo y volver al punto de partida sin recorrer ninguna senda, si todos los vértices son pares; el recorrido puede hacerse partiendo de cualquier vértice (y, por tanto, de cualquier punto del sendero). Si hay dos vértices impares, no más, el recorrido puede hacerse, pero es preciso partir de un vérice impar y terminar en el otro. Si hay más de dos vértices impares, es imposible cubrir de un solo trazo todas las sendas, sin repasar por alguna.

El enunciado agota todas las posibilidades. En el grafo de la figura, por ejemplo, se puede partir de P_2 y recorrer los arcos a_1, a_2, a_3, a_4, a_5, terminando el recorrido en P_3.

Haremos notar que es imposible que un grafo tenga un número impar de vértices impares. El razonamiento para demostrarlo es sencillo, y es equivalente al que se hace para demostrar el siguiente aserto: *El número de personas que han estrechado la mano de otras un número impar de veces, es número par.*

Problema de las fronteras. Un contrabandista se ha propuesto pisar por todas las naciones de un continente, atravesando una sola vez cada una de las fronteras entre ellos. ¿Le será posible?

Un mismo hecho matemático puede presentarse con apariencias distintas. Tal es el caso del recorrido euleriano en grafos y en mapas. Basta traducir *punto* por *nación* y *senda* por *frontera.*

Para aplicar al problema del contrabandista el teorema de EULER, mírese cuántas naciones limitan con cada una de las del continente total. La paridad de los números resultantes decide la cuestión, exactamente lo mismo que en el citado teorema.

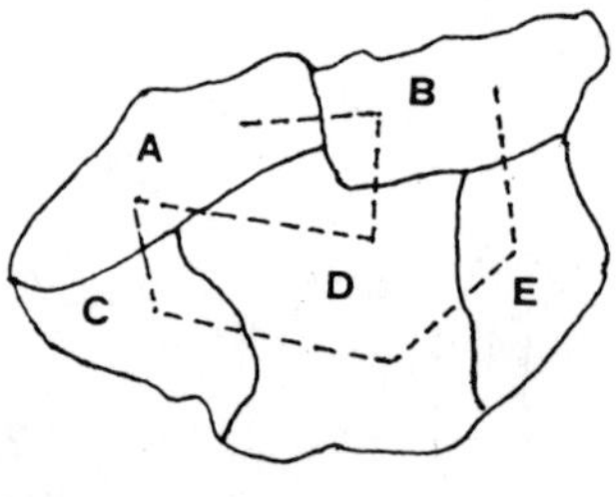

Por ejemplo, en la isla de la figura, dividida en cinco naciones, se puede estar en todas, cortando cada frontera una sola vez, empezando en una nación impar, como es A, y terminando en la otra impar, que es B. No se puede cerrar el camino sin repasar la frontera.

Recorridos sobre poliedros. Consideremos las caras y las aristas de un poliedro. Llamaremos caras *pares* a las que tienen un número par de aristas, es decir, que limitan con un número par de otras caras. Cara *impar* será, obviamente, la que tenga un número impar de aristas.

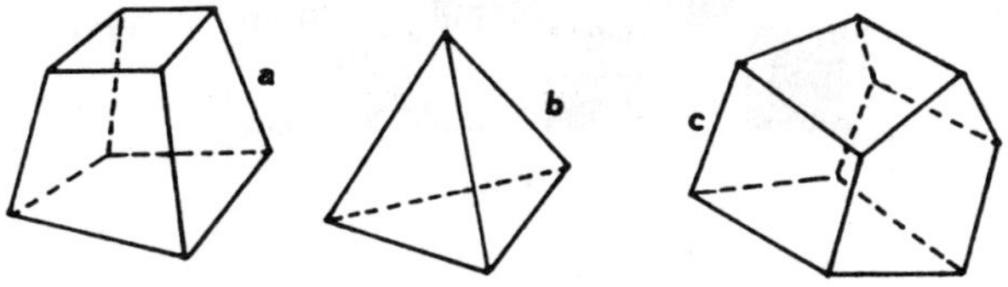

Si se quiere trazar sobre el poliedro un trazo continuo que corte a cada arista una sola vez, valen las conclusiones anteriores. En el poliedro *a*) puede hacerse sin dificultad, en el poliedro *b*) es imposible, en el poliedro *c*) puede hacerse, pero el trazo no podrá cerrarse.

i) Cuadrícula plegable de DUDENEY

Imaginemos una cuadrícula ajedrezada. Es decir, la casilla (i, j) (en la fila i y en la columna j) se pintará de blanco si $i + j$ es *par* y de negro si $i + j$ es *impar.*

> «El ajedrezado blanco y negro es una obsesión para nuestros ojos... ¿Qué misteriosa persuasión hay en él?... Caza nuestras miradas, las liga a él, las marea, las fascina, las retiene... Los pisos ajedrezados distraen nuestras miradas, que se quedan fijas en el suelo largos ratos sin poder levantarse, aunque la pizarra de los suelos, ya un poco gris y descolorida, no logra el contraste del negro que se necesita junto al blanco alternante... Así, en el juego del ajedrez también, lo que aficiona, lo que hace no levantar cabeza del tablero, no es la pueril diversión de ese juego, sino el ajedrezado blanco y negro, la visualidad, la exaltación, la destreza, la emoción que hay en él... ¡El magnetismo, la clave, la gracia formidable que hay en el ajedrezado, es algo misterioso y absorbente, cuyo oscuro dominio nos somete! Es el contraste de la vida y la muerte, es la absorbencia de las viudas blancas y negras, es el *sí* y el *no*«.
>
> (Ramón Gómez de la Serna, *Greguerías Selectas,* Ed. Calleja, 1919)

El casillero que ahora detiene nuestra atención no es uno cualquiera. Tiene la particularidad de que en el dorso de cada casilla se pinta el color complementario: como la cara y cruz de una moneda, cada casilla es blanca de un lado y negra del otro. No es necesariamente un casillero cuadrado: puede tener m filas y n columnas. Este casillero, de DUDENEY, tiene sobre las generales otra *clave y misterio absorbente,* pero en el fondo muy natural.

Procedamos a plegar este casillero sobre sí mismo (supuesto de papel, naturalmente) hasta dejarlo en un bloquecito de la superficie de un cuadro (tal como una estanquera nos pliega un bloque de sellos para dejarlo reducido a la extensión de uno). Cortemos con tijera los cuatro bordes del pequeño paquete, y extendamos los cuadritos sin voltearlos. Resultará sorprendente observar que... ¡todos muestran el lado del mismo color![1]

La propia materia de este capítulo sugiere con naturalidad una pequeña variación en la presentación del juego. Se puede presentar el cuadriculado con las casillas numeradas sucesivamente: par en lugar de blanco, e impar en lugar de negro. Luego de hecho el corte, se pide al espectador que manifieste su simpatía por los *pares* o los *impares*. Al realizar el despliegue quedan de manifiesto todas las casillas de la paridad elegida.

La explicación de por qué ocurre esto se encuentra en la sencilla aritmética del par e impar:

$$\text{par} + \text{par} = \text{par}$$
$$\text{par} + \text{impar} = \text{impar}$$
$$\text{impar} + \text{impar} = \text{par}$$

Supongamos, en efecto, que todas las casillas han ido sobre la (1, 1) —blanca—. Sea cualquiera el modo de abatirlas, una casilla contigua a la blanca habrá ido sobre ella después de haber sido volteada *una* vez, luego, mostrará el blanco igualmente orientado que ella. La siguiente a una de estas contiguas, necesitará dos volteos, y le ocurrirá otro tanto. En resumen, la casilla (i, j) terminará con los colores en la misma orientación que antes del plegado cuando $i + j$ sea *par*, y con la orientación invertida cuando $i + j$ sea *impar*. Por consiguiente, todos los blancos miran a un lado y los negros al opuesto.

[1] Esta observación de DUDENEY se expone (sin demostración) en el libro de MARTIN GARDNER, *Ruedas, Vida y otras diversiones matemáticas* (Ed. Labor, 1985).

Glosario cronológico de autores

Thales de Mileto (c. 585 a. de C.). A las noticias sobre Thales dadas en el texto (págs. 92 y 99) añadiremos este relato: Habiendo previsto Thales cierto invierno que la cosecha de aceituna iba a ser extraordinaria, empleó todo el dinero que tenía como garantía para el arriendo de todas las prensas de aceite de Mileto y de Quios, y las obtuvo baratas porque no tuvo competidores. Pero cuando llegó el tiempo oportuno y las prensas eran buscadas afanosamente por los cultivadores, se las subarrendó al precio que quiso, y la ganancia fue grande. Queda así demostrado desde el principio, que los filósofos y matemáticos no han de carecer necesariamente de sentido práctico.

Pitágoras de Samos (c. 532 a. de C.). Poco, o más bien nada, puede asegurarse con certeza en relación a la vida y la obra de Pitágoras. (Ver págs. 100, y 103 y sgs. y 151.) Dícese que casó con *Teano,* que había sido discípula suya, de quien tuvo tres hijos y cuatro hijas (números tal vez simbólicos).

Zenón de Elea (c. 460 a. de C.). Este filósofo es célebre por sus sofismas, particularmente por el de Aquiles y la tortuga: Aquiles, el de los pies ligeros persigue a una tortuga y no puede alcanzarla; porque cuando llega donde la tortuga *estaba,* ya *no está* allí, porque avanzó algo, y esto se reitera indefinidamente.

Hipócrates de Quio (c. 440 a. de C.). Las lúnulas de Hipócrates son figuras limitadas por líneas curvas y que sin embargo encierran un área cuadrable. Por ejemplo, en un triángulo rectángulo, la semicircunferencia que tiene por diámetro la hipotenusa y contiene al vértice, y las semicircunferencias con diámetro en cada cateto, encierran un área que es equivalente a la del triángulo dado.

Euclides de Alejandría (c. 300 a. de C.). Los *Elementos de Geometría* de Euclides es la más célebre obra de la Historia de las Matemáticas. A partir de aquí las matemáticas se desarrollan y exponen muy independientemente de la filosofía y, en particular, libres de los sofistas. (Ver págs. 93 y 106.)

Arquímedes de Siracusa (287-212). Los métodos de Arquímedes para calcular áreas, volúmenes y centros de gravedad, le hacen un lejano precursor de los creadores del cálculo integral. Es también considerado iniciador de la Hidrostática. Inventó la polea doble y otros artificios mecánicos. (Ver págs. 93 y 100.)

Eratóstenes de Cirene (c. 280-192). Fue bibliotecario de la Biblioteca de Alejandría en el tiempo de su máximo esplendor. Se le debe el método de la «criba» para encontrar los números primos, del mismo modo que todavía hoy se enseña en nuestros cursos escolares.

Apolonio de Pergamo (c. 200 a. de C.). Uno de los más insignes geómetras griegos, hasta el punto de que en Alejandría se le llamaba «el gran geómetra» por antonomasia. En su libro sobre las cónicas da más de cuatrocientos teoremas sobre estas curvas, la mayor parte descubiertos por él. Por supuesto, nadie sospechó antes de Kepler que tales líneas pudieran regir en los movimientos de los astros.

Nicomaco de Gerasa (c. 100 d. de C.). Es autor del primer tratado conocido en el que la Aritmética se trata autónomamente, independiente de la Geometría. Aunque sus clasificaciones numéricas y la nomenclatura están hoy en total desuso, el libro *Isagoge Aritmética* tuvo influencia fundamental en la Edad Media europea, a través de la traducción latina de Boecio.

Diofanto de Alejandría (s. III ?). Es autor de una Aritmética en trece libros, de los que se conservan seis. Esta obra genial supone tal adelanto conceptual sobre todo lo conocido hasta entonces, que algunos historiadores suponen que debe apoyarse sobre fundamentos perdidos. Es el iniciador del llamado análisis indeterminado (hoy llamado diofántico), que investiga las soluciones enteras (o racionales) de problemas con varias incógnitas. (Ver págs. 93 y 135.)

Proclo de Bizancio (410-485). La obra de este tardío comentador de la obra de Euclides tiene la gran importancia de que, en el aspecto histórico, es la fuente de casi todos nuestros conocimientos sobre la matemática del período heleno; y también de los únicos apuntes biográficos sobre Euclides que han llegado a nuestro conocimiento.

Isidoro de Sevilla (c. 570-636). Aunque de escaso interés matemático, debe citarse a San Isidoro como el más significativo autor enciclopedista de la alta Edad Media europea. Su libro de Etimologías considera todas las disciplinas de su época de las que da clasificación y definición de sus términos técnicos.

Brahmagupta (598-s. VII). Astrónomo y matemático hindú. Su obra nos ha llegado por traducciones árabes. Utiliza los números negativos. Da notables fórmulas relativas los cuadriláteros inscriptibles en el círculo. (Ver pág. 94.)

Alwarazmi de Bagdad (c. 800). Es la primera figura que aparece en la matemática árabe. Es autor de una Aritmética (que sólo se conoce por una traducción latina) donde introduce las cifras hindúes y el cero. Su obra más importante es el tratado en cuyo título figura la expresión *al-cheber,* de donde luego derivó la voz *álgebra,* de modo que en sentido literal fue el primer libro de esta disciplina. Del nombre del autor deriva la palabra *algoritmo.*

Bhaskara (c. 1150). Matemático hindú, autor de la poética aritmética mencionada en el texto (ver pág. 136); utiliza un sistema bastante completo de símbolos y abreviaturas para las relaciones y operaciones elementales.

Leonardo Pisano (c. 1170-c. 1240). Este autor italiano escribe en 1202 (y corrige en 1228) su *Liber Abaci,* con el que introduce en Europa la matemática oriental, con una presentación de estilo europeo renacentista. (Ver págs. 3, 95 y 108.)

Regiomontano (1436-1476). El alemán Johannes Müller nació en Koenisberg, de donde tomó el nombre latinizado Regiomontanus. Tradujo el *Almagesto* de Ptolomeo y dejó escritas numerosas tablas de efemérides, la mayor parte publicadas después de su temprana muerte. Murió en Roma a donde había sido llamado por el Papa Sixto IV, que proyectaba una reforma del calendario.

Pacioli, Luca (1445-1514). Importante matemático renacentista italiano, de cuya obra hemos tratado en el texto. (Ver págs. 95, 103 y sgs.)

Dal Ferro, Scipione (c. 1465-1526). Algebrista italiano, que probablemente encontró la fórmula para resolver la ecuación de tercer grado del tipo $x^3 + px = q$ (con p y q positivos), y se la comunicaría a Cardano.

Tartaglia; Niccolo Fontana (c. 1499-1557). Recibió ese apodo por su tartamudez, originada por una herida en la cabeza. Enseñó matemáticas en Verona y Venecia. Escribió sobre sus teorías algebraicas, balística, cuentos y recreaciones, y otros temas. En 1534 fue desafiado a debate público por un amigo de dal Ferro, y con esta ocasión descubrió Tartaglia la resolución de la ecuación de tercer grado en general. Este resultado se lo comunicó a Cardano con juramento de mantenerlo secreto, pero éste lo publicó en su libro Ars Magna en 1545. (En la nota sobre Cardano veremos su justificación.)

Cardano, Girolano (1501-1576). Por ser este autor el que las publicó, se llaman fórmulas de Cardano las que resuelven la ecuación de tercer grado, aunque él nunca dijo que fueran suyas. La furiosa reacción de Tartaglia cuando las vio publicadas llevó a una larga polémica, en la que Cardano se justificaba diciendo que la solución enunciada por Tartaglia (por cierto, en verso) era incomprensible y que ya dal Ferro conocía la fórmula. Cardano era también médico y astrólogo. Dícese que había previsto la fecha de su muerte y que para no desmentir al horóscopo se dejó morir de hambre.

Ferrari, Ludovico (1552-1565). Es el cuarto de los grandes algebristas italianos del XVI. Fue discípulo de Cardano, y llevó la voz por éste en la polémica con Tartaglia. La justa fama de Ferrari se debe a que consiguió la solución de la ecuación de cuarto grado. (Las de grado superior no se pueden resolver algebraicamente, como demostró N. H. Abel.)

Bombelli, Rafael (c. 1530-1579). Cierra la serie de los autores de la nueva matemática europea, superadora de la árabe y medieval. Su vida es poco conocida y su obra parcialmente publicada. Trató el cálculo de raíces cuadradas de radical negativo con despreocupación, como un lejano precedente de los todavía no soñados números imaginarios. Dícese que en el siglo XVI era dicho proverbial: «Sabe más álgebra que Bombelli».

Pérez de Moya, Juan (1513?-1597). Nació este autor en San Estevan del Puerto (Jaén), dio lecciones de Matemáticas en Salamanca y Madrid y murió en Granada. Ejemplo cabal de humanista completo, uno de los últimos y el más ilustre de nuestro posrenacimiento del siglo XVI. Publicó numerosas obras no matemáticas, y fue también entusiasta divulgador de esta ciencia. La más importante de sus obras es, sin duda, la *Aritmética práctica y especulativa* (Salamanca, 1562), que tuvo no menos de 16 ediciones hasta 1776. Lo que fue obra meritoria al tiempo de su publicación, quedó ya anticuada, y muestra de nuestra atonía científica en ese período. (Ver págs. 3, 7, 36 y 129.)

Viète, François (1540-1603). Abogado y genial matemático francés, que desempeñó altos cargos en las cortes de Enrique III y Enrique IV. Indicó las cantidades por letras y, consecuentemente, sustituyó las reglas retóricas por fórmulas, por lo que se le considera justamente el creador del Álgebra actual. Aplicó el Álgebra a la Geometría y a la Trigonometría, ciencias a las que también hizo aportaciones de interés.

Napier, John (1550-1617). Este matemático escocés inventó los logaritmos naturales y calculó las tablas, que vio extenderse por toda Europa. Esta invención facilitó tanto los cálculos trigonométricos de la Astronomía, que alguien pudo decir que la invención de Neper (= Napier) «había decuplicado la vida de los astrónomos».

Briggs, Henry (1556-1630). Admirado de la invención de Napier se presentó a él, y en conversaciones sucesivas le convenció de las ventajas que tendría utilizar para los logaritmos la base diez. Briggs calculó estas tablas y las publicó en 1624.

Kepler, Johannes (1571-1630). Es el fundador de la Astronomía Moderna. Ayudante de Tycho Brahe, a la muerte de éste en 1601 hereda el conjunto de sus observaciones astronómicas sobre Marte y de ellas deduce sus dos primeras leyes del movimiento planetario, que publica en 1609. Este libro, *De Stella Martis* acaba con la idea bimilenaria del movimiento circular de los astros. En 1618, culminando trabajos iniciados en su juventud y proseguidos durante más de 22 años, descubre su tercera ley, que publica en el libro de *Harmoniae Mundi.* (Véase Newton, y págs. 29 y 112 del texto.)

Descartes, René (1596-1650). Filósofo y matemático francés. Perfeccionó la notación algebraica de Viète (= Vieta) dejándola casi idéntica a la actual. Se le considera creador de la Geometría Analítica pues su aplicación del Álgebra a la Geometría se hizo más ágil al no existir la homogeneidad de las ecuaciones de las líneas. (Ver págs. 96 y 126.)

Fermat, Pierre (1601-1665). Este genial matemático aficionado era hombre de leyes, Magistrado en Toulouse. Desde allí mantuvo intensa correspondencia epistolar, especialmente con Pascal y Descartes. Recreándose en la lectura de la Aritmética de Diofanto, traducida por Bachet, llenó los márgenes de su libro con comentarios y resultados originales, que le acreditan como fundador de la moderna Teoría de los Números. Cuenta también entre los precursores del cálculo diferencial, así como del cálculo de probabilidades. (Ver págs. 63, 96 y 119.)

Pascal, Blaise (1623-1662). La precoz inteligencia matemática de Pascal fue extraordinaria. A los 16 años descubrió el teorema del hexágono (los tres pares de lados opuestos de un hexágono inscrito en una cónica se cortan en puntos alineados) y sobre él y sus consecuencias escribió un tratado, hoy perdido, que Leibnitz leyó con admiración. Descartes nunca creyó que un casi niño hubiese podido hacer tal descubrimiento. En teoría de números, probabilidades, hidrostática, ..., sus aportaciones son de importancia. Inventó la primera máquina de calcular que funcionó prácticamente (sumadora de Pascal). Padeció muy dolorosas enfermedades, y según escribió su hermana, desde los 18 años no tuvo un día sin dolor. Su estilo literario es una cumbre de la prosa francesa. (El incidente académico sufrido por Chasles —ver pág. 125— es prueba del reconocimiento concedido a la precoz capacidad intelectual de Pascal.)

Newton, Isaac (1643-1727). Se le deben tres aportaciones fundamentales en la ciencia: los estudios de la refracción de la luz, en 1672; el cálculo diferencial e integral (descubierto simultáneamente por Leibnitz —véase—); que Newton llamaba de fluxiones y fluentes; y la ley de la gravitación universal, deducida de las leyes de Kepler y de la que éstas resultan ser consecuencia. Expuesta su deducción en la obra *Philosophiae naturalis principia mathematica* (1687), que Lagrange calificó como «la más elevada producción del espíritu humano», y se suele considerar como el mayor trabajo científico que se haya escrito nunca. En 1696 se le designó Director de la Casa de la Moneda, cargo importantísimo, pero que significó prácticamente el fin de sus trabajos científicos.

Leibnitz, Gottfried Wilhelm (1646-1716). Historiador, filósofo y matemático, importante en todo, es posible que la amplitud de la inteligencia de Leibnitz (o Leibniz) no haya sido igualada jamás. Es, quizá, el último hombre que haya podido simultanear una posición de primacía en la Metafísica y en la Matemática. Inventó el cálculo infinitesimal simultánea e independientemente con Newton, pero la notación de Leibnitz (hoy universal) es mucho más expresiva y adecuada que la de Newton, lo que permitió a los matemáticos del continente tomar medio siglo de ventaja sobre los ingleses. (Ver págs. 96, 127 y 149.)

Bernouilli, Jacob (1654-1705). Contemporáneo y admirador de Leibnitz, su obra se reparte entre los nuevos métodos infinitesimales y el cálculo de probabilidades. Los métodos nuevos le llevan al estudio de curvas notables, entre ellas la espiral logarítmica, curva que adopta como símbolo de la resurrección al ver que variadas transformaciones la dejan invariable. Su obra de posibilidades *Ars Conjectandi* fue publicada póstuma por su sobrino Nicolás en 1713; en ella se introducen el concepto de «esperanza moral» y la ley de los grandes números.

Bernouilli, Johan (1667-1748). Hermano de Jacob y padre de Daniel mantuvo con ambos ásperas discusiones por cuestiones de prioridad, por ejemplo en el problema de los isoperímetros, propuesto por Jacob. Por su parte, Johan propuso, entre otros, el problema de la braquistocroma (curva de descenso más rápido entre dos puntos) (1696) y el problema de las trayectorias (1694), replanteado por Leibnitz en 1792. Sus lecciones al Marqués de L'Hopital fueron publicadas por éste (sin mencionar su origen) en el que fue primer tratado sistemático de Análisis infinitesimal (1696).

Bernouilli, Daniel (1700-1782). Físico y Matemático. Se le considera fundador de la hidrodinámica. Intentó una teoría cinética de los gases con recurso a la hipótesis atomista y al cálculo de probabilidades. Fue educado en Matemáticas por su padre Johan, con cierta dureza. En una ocasión dio éste un problema a su hijo, que Daniel retirado en su cuarto terminó por resolver; cuando se lo enseñó a su padre, Johan sólo le dijo: «¿Pero cómo no lo has resuelto inmediatamente?». Daniel guardó toda su vida un recuerdo amargo por este áspero comentario paterno.

Euler, Leonhard (1707-1783). Recibió enseñanza matemática de los Bernouilli y fue especialmente amigo de Daniel. Fue uno de los matemáticos más prolíferos de todos los tiempos, pues no hubo ninguna rama de las matemáticas de su tiempo en la que no aportase contribuciones importantes. En 1766 quedó casi ciego, pero siguió en gruecálculos, haciéndose escribir las fórmulas esenciales en gruesos caracteres sobre la pizarra. Aplicó las nuevas matemáticas a la Astronomía con éxito notable. (Ver págs. 64, 96, 134 y 158.)

Clairaut, Alexis Claude (1713-1765). Es otro ejemplo de la precocidad frecuente en los grandes matemáticos, pues a los diez años estudió el análisis matemático. Fue el gran teórico acerca de la figura de la tierra deducida de la mecánica newtoniana. En relación con la aparición del cometa Halley en 1759, predijo con éxito un retraso sobre la fecha antes prevista, debido al efecto de la atracción de Júpiter y Saturno. (Ver pág. 139.)

Lagrange, Joseph Louis de (1736-1813). Autor de ascendencia francesa, aunque nació en el Piamonte. Con dieciocho años ya daba clases de Matemáticas en la Real Escuela de Artillería de Turín. A los cuarenta años fue elegido Director de la Academia de Ciencias de Berlín. Sistematizó la mecánica y reunió todos sus métodos en el tratado de *Mecánica Analítica* publicado en 1788. El libro estuvo meses sin abrirse sobre la mesa de Lagrange, atacado por una profunda depresión. Ideó potentes medios de integración para las ecuaciones de la dinámica y dio forma todavía vigente al cálculo de variaciones. (Ver págs. 96 y 142/3.)

Laplace, Pierre Simon (1749-1827). De origen humilde, unos amigos acomodados que reconocieron su precoz talento, le enviaron a Paría a los 18 años. Llegado allí, Laplace escribió a D'Alembert una carta exponiéndole sus puntos de vista sobre la Mecanica, con la que inmediatamente ganó la protección de este influyente matemático. En 1780 colaboró con el químico Lavoisier, guillotinado en 1794 por la Revolución. Entre 1812 y 1820 publicó sus ideas sobre *Cálculo de Probabilidades, y entre 1799 y 1825 aparecieron los cinco volúmenes de su Mecánica Celeste,* obras que cambiaron el aspecto de estas ciencias. Fue ministro con Napoleón, y Luis XVIII le hizo marqués. La elegancia y grandeza de su obra científica contrasta desagradablemente con las pequeñeces y hasta marrullerías en su vida privada y la excesiva adaptabilidad a las circunstancias sociales de su agitado tiempo.

Gauss, Karl Friedrich (1777-1855). La potencia y claridad mental del alemán Gauss, quizá no tengan igual en la Historia de las Matemáticas. Sus logros desbordan cualquier intento de resumirlos aceptablemente en una líneas. En el colegio fue un niño prodigio, y al final de su vida un anciano prodigioso. A los 19 años descubrió el modo de construir con regla y compás el polígono de 17 lados, y esto le decidió a dedicarse a las matemáticas (pues también le atrajo la filología). En 1801 publica *Disquisitiones arithmeticae,* que hace época en la Teoría de los Números. En 1809 idea un nuevo método para el cálculo de órbitas y lo aplica a calcular la del asteroide Ceres; fue una hazaña de cálculo que le valió una fama inmediata. Elabora y no publica una geometría no euclídea, pero con su autoridad avala las que publicaron Bolyai y Lobatchewski. Indiferente a cuestiones de prioridad, publicó sólo una pequeña parte de lo que había descubierto; pero ni aún de lo publicado cabe dar aquí cumplida cuenta. (Ver págs. 98 y 142.)

Cauchy, Agustin Louis (1789-1857). Este gran sistematizador de tantas teorías, es el principal creador de la teoría de funciones de variable compleja. Tan notable como su obra matemática es el ejemplo de su personalidad, tranquila, amable y absolutamente intransigente en lo tocante a su religión católica y a su monarquismo legitimista. A punto de entrar Cauchy en la Academia se derrumbó el primer imperio. Una ordenanza real de 1816 le nombró académico, y este modo de ser nombrado le enajenó simpatías. Pero pronto demostró que había aceptado por obediencia y no por ambición. En 1830 cayeron los Borbones y se instauró la dinastía de Orleans. Se impuso el juramento a los académicos, y Cauchy sin vacilar, dejó cátedra y Academia y se desterró a Turín. Vuelto a Francia pudo ser miembro del Bureau de Longitudes, pero la cuestión del juramento le salió de nuevo al paso, y Cauchy no juró. Tras la Revolución de 1848 se abolió el juramento político, pero cuatro años después Luis Bonaparte Emperador restableció el juramento..., aunque haciendo la excepción de Cauchy. Este hombre imperturbable y pacífico había triunfado: ni juró a los Orleans, ni juró a la República, ni juró al Imperio.

Babbage, Charles (1792-1871). En el texto se ha comentado la dedicación obsesiva de Babbage a su máquina analítica de cálculo (ver pág. 144). Antes de esto, en 1815, fundó con John Herschell la *Analytic Society,* para introducir en Inglaterra, como así lo consiguieron, los adelantos matemáticos del continente. Investigó un problema de estrategia operativa y consiguió demostrar que resultaba más económico el franqueo de las cartas con precio nacional único, independiente del recorrido de la carta, y así se estableció a partir de 1840.

Abel, Niels Henrick (1802-1829). Fue hijo (pronto huérfano) de un pastor protestante; vivió y murió más cerca de la pobreza que de la escasez. Era un genio matemático, pero además leía y escribía con soltura latín, griego, francés y alemán, además de su idioma materno, el noruego. Tuvo la fortuna de encontrar un profesor de talento, B. Holmnboe, que consiguió de la entonces pobre Noruega que becase una salida de Abel a Alemania y a Francia. Debió ser Abel un joven agradable, inmediatamente querido y admirado por cuantas personalidades llegó a conocer, especialmente Crelle y Jacobi en Alemania y Legendre en Francia. A Gauss y a Cauchy no consiguió conocerles personalmente, lo que fue una decepción para él. Una antología de los elogios tributados a Abel sería sombrosa: «Es tan superior a mis elogios como sus trabajos son superiores a los míos propios» (Jacobi, acerca de la teoría de las funciones elípticas). Vivió lo suficiente para saber que la apreciación de sus trabajos era creciente, hasta el punto que Jacobi y Gauss le propusieron para una cátedra en Berlín. De hecho consiguieron el nombramiento, pero la noticia llegó a Noruega dos días después de la muerte de Abel. Demostró muy joven que la ecuación de quinto grado no era resoluble algebraicamente (trabajo que envió a Gauss y que éste no llegó a leer). Sus descubrimientos principales conciernen a las series convergentes y a las hoy llamadas integrales abelianas (en particular las elípticas).

Jacobi, Karl G. Jacob (1804-1851). Alemán. Estudió en la Universidad de Berlín, y fue profesor en la de Könisberg. Estableció la teoría de las funciones elípticas, juntamente con N. H. Abel, y la aplicó a la Teoría de los Números. Son fundamentales sus aportaciones al análisis de los sistemas de ecuaciones diferenciales de la Dinámica. Cronológicamente es el primero de los matemáticos judíos.

Galois, Evaristo (1811-1832). Este francés muerto a los veinte años es el único matemático que con unas Obras Completas de apenas 60 páginas ha conseguido nombre imperecedero. No tuvo tiempo de ser entendido, pero es el auténtico creador del Álgebra Moderna. Un ilustre condiscípulo suyo, Joseph Liouville, hizo en 1846 la publicación póstuma de los escritos de Galois, con orden y comentarios aclaratorios, introduciéndoles así en la corriente del saber matemático contemporáneo. Galois fue un activista político «patriota» (sinónimo entonces de republicano), procesado dos veces y condenado una. Hombre, muchacho, de axacerbada susceptibilidad, estuvo a punto de morir durante su detención en la cárcel de Santa Pelagia, por aceptar el desafío de beberse entera una botella de licor. Liberado antes de plazo por motivos de salud, moría antes del mes en un desafío provocado por otros dos patriotas, por causa del «honor» de una «infame coqueta» (en expresión de Galois).

Kronecker, Leopold (1823-1891). Este matemático alemán, que no quiso percibir ningún emolumento por sus clases, en la Universidad de Berlín, fue un hombre rico y se cuidó mucho de serlo. Se da el caso singular de que, habiendo recibido una fuerte herencia, empleó algunos años (1845-1853) en ordenar su situación financiera, sin hacer en ellos ningún trabajo de tipo matemático. Su filosofía científica se resume en no aceptar como demostrado más que lo que se pueda deducir desde los números enteros por procesos finitistas. Naturalmente hizo sus grandes resultados de análisis matemático al margen de esta filosofía. Fue un adversario intransigente de las ideas de Cantor acerca del infinito actual, aceptadas hoy generalmente.

Cantor, Georg (1845-1918). Alemán, aunque nacido en San Petersburgo, hijo de emigrantes daneses, de ascendencia judía, convertidos al cristianismo. Hasta 1872 fue un buen matemático clásico y obtuvo una cátedra en la Universidad de Halle. A partir de 1874 comienza a desarrollar sus ideas originales sobre el modo de tratar el infinito, para lo cual crea como instrumento la teoría de conjuntos. Sus ideas fueron recibidas con poca aceptación, e incluso alguno de sus iniciales partidarios, como Dedekind, se dejaron ganar por los adversos. La oposición más tenaz fue la de Kronecker, que impidió que Cantor llegase a alcanzar una cátedra en Berlín. A consecuencia de estas polémicas Cantor sufrió una enfermedad mental y depresiva y murió en un mesocomio de Halle. El gran defensor de sus ideas, que hoy se admiten generalmente, ha sido Hilbert.

Lindemann, Ferdinand (1852-1939). Matemático destacado pero no genial, vino a ganar fama universal e imperecedera por haber dejado definitivamente demostrada la ya antigua sospecha de la imposibilidad de la cuadratura del círculo. Su demostración de que el número π es trascendente, la consiguió en el año 1833.

Hilbert, David (1862-1943). El más grande matemático alemán de sus contemporáneos. Realizó todos los estudios universitarios en Könisberg, excepto un semestre en Heidelberg con Fuchs. En 1884 defendió su tesis doctoral, sobre un tema que le había propuesto Lindemann. De inmediato inició su marcha ascendente en la docencia, hasta que en 1895 alcanzo a ser Profesor Ordinario de Matemáticas en Göttingen (que fue la Atenas de la matemática europea finisecular). Fue el defensor constante y entusiasta del ideario cantoriano. En 1899 publicó sus *Grundlagen der Geometrie* que establecía con rigor la axiomática necesaria para fundamento de la geometría euclídea, dos mil años después de Euclides. También hizo rigurosas las matemáticas necesarias a la Física teórica de su tiempo. Hilbert ligó la matemática a la lógica de una forma particular, que ha devenido principio de una ciencia nueva: la Metamatemática.

Poincaré, Henri (1814-1912). Nacido en Nancy y muerto en París, fue el matemático más brillante de nuestro tiempo. Sus ideas filosóficas en torno al valor de la ciencia están expuestas con estilo literario de gran atractivo. En Matemáticas es el constructor principal de la Topología algebraica. Sus lecciones sobre Mecánica Celeste e Hipótesis Cosmológicas están llenas de ideas y métodos nuevos. Se le cuenta entre los precursores de la Teoría de la relatividad. Fue adversario de las ideas de Cantor, y en esta y otras cuestiones de axiomática polemizó con Hilbert, sin perjuicio, naturalmente, de la amistad y mutua admiración entre los dos colosos.

Rey Pastor, Julio (1888-1962). Este importante matemático nacido en Logroño y muerto en Buenos Aires es la figura más considerable e influyente en la historia de la Matemática de todos los países hispano-parlantes. Sus tempranos viajes, preferentemente a Alemania, le pusieron al corriente del Análisis Matemático de su tiempo, al que también aportó ideas originales. Hombre de gran capacidad de síntesis, expuso la situación contemporánea de la Matemática, por primera vez en español, en textos de claridad inmejorable. Son también considerables sus aportaciones a la historia de la Cartografía y de la Matemática españolas.

Índice de nombres citados

Programas Educativos, S.A. de C.V.
Calz. de Chabacano No. 65, Local A
Col. Asturias, C.P. 06850, México, D.F.
Fecha: Noviembre de 1999
Empresa Certificada por el
Instituto Mexicano de Normalización
y Certificación A.C., bajo la Norma
ISO-9002: 1994/NMX-CC-004: 1995
con el No. de Registro RSC-048